BASICS

FACADE APERTURES

파사드 개구부의 기초

BASICS

FACADE APERTURES

파사드 개구부의 기초

Roland Krippner · Florian Musso 저

최상기 옮김

Spacetime

차례 CONTENTS

머리말

건물의 외피는 여러 가지 기능을 충족시킨다. 비바람과 온도 차이로부터 실내를 보호하기도 하고 외부로부터의 시선을 차단해주기도 한다. 보호의 기능도 중요하지만 항상 차단된 벽 뒤에 숨어있을 수는 없는 것이기에 건물의 파사드는 외기와 자연 채광을 향해 열려있고 반응해야만 한다. 개구부는 건물의 외부와 내부를 기능적으로 혹은 시각적으로 연계해주고 두 영역간의 관계를 형성시킨다.

이 책은 학생들에게 일반 시공과정에서 사용되는 개구부의 디자인을 중심으로 소개하고 있다. 전반부는 개구부 디자인에 필요한 여러 가지 요구조건들을 명확하게 정의하는 것으로 시작해서 뒤로 가면서 실제 구축에 필요한 구조적 상세를 소개한다. 이 책에서 소개되는 다양한 부재, 구조, 및 재료는 각각의 특성과 주변 벽체와의 관계적 맥락에서 다루어지고 있고, 벽체와 개구부 사이의 전이 과정과, 기능별로 상이한 각각의 창호가 어떻게 작동되어야 하는가를 중심으로 설명되고 있다. 주된 관찰 대상은 방한쪽 수직벽체의 개구부를 통해서 채광되는 실내공간이다. 여기서의 주된 관찰 대상은 창문이지만, 그것이 다양한 크기를 갖는 고정창이거나, 혹은 문틀이건 간에 상관없이 비슷한 요구 조건들이 수반되므로 동일한 원리를 적용시킬 수 있다.

파사드의 주변부도 구조적, 기능적으로는 물론, 디자인의 측면에서도 개구부 자체에 못지않게 중요하다. 이 책에서는 자연광의 유입을 조절하는 장치와 자연환기 및 개구부 주변부의 단열문제도 다루어진다.

독특하고 개별적인 건물 파사드를 통해 실내와 실외의 조화로운 구성을 추구하는 건축가들에게, 개구부 디자인의 구조와 구성법을 익히는 것은 중요한 기본 지식이 될 것이다.

베르트 비엘레펠드, 편집자

0. 서론

개구부란 일반적으로 열려있는 곳, 구멍, 간극 등으로 정의된다. 건물에서 개구부는 벽면에 빈 공간으로 남은 곳을 의미한다. 외부로부터 보호받는 공간을 형성하는 것을 건물의 최우선 목적으로 생각한다면, 그 내부 공간의 사용이라는 측면에서의 파사드 오프닝의 중요성은 그 다음 우선순위를 차지할 것이다.

개구부는 건축설계의 핵심적 디자인 요소이다. 건물의 디자인은 개구부의 치수와 비례, 방수층 혹은 공간을 한정하는 표면과의 관계 및 다른 개구부들과의 상호 연관적 배치상황 등에 따라 결정적인 차이점이 나타난다. 개구부를 채우고 있는 요소들은 각각의 기능에 따라 고정되어 있거나 (glazing: 유리창), 개폐가 가능하다. (창문, 문 등 건물의 기본적 기능 단위)

개구부의 계획에서 창문은 그 중심 역할을 한다. 파사드에서 창문의 형태, 배치, 및 분포는 그 건물의 전체 윤곽을 읽어나가게 해준다. 창문의 분할과 유리창을 지탱하는 구조방식은 건물의 전체적인 인식에서도 중요한 특징으로 작용한다. 창문의 형태에는 유행에 의한 영향이나 공예 기술의 진보된 정도가 명확히 드러나기도 한다.

조절장치는 단지 창문과 문 자체의 영역을 초월하는 별개의 개구부 시스템이다. 자연광과, 통풍 및 열의 유입량을 정확하게 조절하는 것을 가능하게 해준다. 기후조건에 따라 변하는 사용자의 요구와 필요에 맞추어 쾌적한 실내공간을 만들어 줄 수 있다.

개구부의 구조방식과 시스템은 다양하고 넓은 범위에 걸쳐 제공된다. 개구부의 기본 원리와 일반적인 구조적 지식에 익숙해진다면 특정한 기후 상황에 맞는 효과적인 개구부 전략을 계획하는 것이 가능할 것이다. 여기서 디자인은 건물의 기능적 조건 및 구조적 속성과 긴밀하게 반응한다.

개구부는 추위, 습기, 소음, 화재, 침입 등으로부터 실내를 보호하는 파사드와 동일한 보호 기능을 수행하고 있지만, 전체 건물 외피 중 보온면에서 가장 취약한 부분이므로, 요즘과 같이 에너지 절약 조건이 강화되는 환경에서는 새로운

그림 1:
자연 석재 조적 벽의 개구부

그림 2:
통나무 목조 벽의 개구부

그림 3:
1950년대 파빌리온의 원형 창

그림 4:
환기창

그림 5:
전층 높이의 창문

그림 6:
벌집모양 개구부

전략적 접근을 필요로 한다. 개구부는 또한 공간을 한정하는 경계인 벽체를 통과하는 지점을 형성하고, 이를 통해 실내공간에 자연광과 환기, 및 조망을 가능하게 하는 역할을 담당한다.

따라서 개구부의 계획은 변화하는 기후환경과 일정한 실내 환경이 유지되는 쾌적함을 동시에 만족시킬 수 있도록, 열 환경, 빛 환경, 및 통풍의 효과를 조절할 수 있는 특별한 개폐장치를 통해 투과도를 변화시킬 수 있어야 한다. 이러한 질적 프로파일은 개구부의 위치와 태양과의 관계, 실내공간의 조건과 활용 방법에 따라 결정된다.

건축사적으로 볼 때 창문보다 더 오래된 문은 건물 안으로의 출입을 담당한다. 출입의 역할은 대문도 담당하고 있지만 이것은 주로 통과의 용도이고, 대부분 사람 문에 대해 갖고 있는 인식은 창문과 같은 파사드 상의 개구부이다. 즉 그것은 닫혀있더라도 자연광을 투명 혹은 반투명 유리를 통해 투과시키고, 부착된 창문이 열려있을 때는 공기가 출입할 수 있는 그런 건축요소를 일컫는다.

개구부를 채우는 가장 간단한 건축요소는 고정창이다. 여기서 자연채광과 환기는 각각 독립적으로, 즉, 고정 유리창과 별도로 작동되는 환기용 개폐구와의 조합을 통해서 실현될 수 있다.

개구부의 외향적 측면은 어떤 특권에 의한 요구조건을 맞춘 것이기에 공공적인 성향이 내재되어 있다고 볼 수 있다. 개구부의 수와 크기는 건물주와 세대의 사회적 위상을 암시하기도 한다. 개구부를 내향적 측면에서 보면 사적이고 긴밀한 특징을 갖는다. 창문과 문을 어떻게 위치시키는가는 실내 공간에 효과적으로 영향을 미친다. 창문이 잘 배치된 방은 그 실제 치수에서 나타나는 것 보다 더 넓고 여유 있게 보일 수 있다.

1. 개구부의 기능

1.1 보호 기능

창문의 기본 역할은 수세기 동안 변하지 않고 유지되어 왔으나, 구조체와 벽이 만나는 접점에서 필요한 보온, 방음, 방화, 기밀성 등의 요구조건에는 주목할 만한 변화가 일어났다. 창문의 효율성에 대한 요구조건은 그 건물의 위치에 따라, 즉, 그 지형과 방향, 높이 및 풍향에 의해 결정된다.

단열 및 방음
Heat and sound insulation

창문의 단열과 방음은 선택된 창문틀의 재료와 창틀 구조체의 두께, 유리의 구성과 두께, 그리고 각 요소들의 결합방식에 의존한다.

실내공간을 외부의 한기로부터 보호하기 위해 창문은 최소한의 단열조건을 만족시켜야 한다. 창문 프레임과 유리라는 구조적 요소는 상대적으로 얇은 자체 두께에도 불구하고 실내와 실외 사이의 극한 온도차의 보호막 역할을 할 수 있어야 한다. 열교현상을 방지하기 위해 창문은 벽체의 단열층 내부에 있으면서도 최대한 서로 멀게 위치되어야 하고, 벽체 안에서의 응결과 곰팡이 번식을 방지하기 위해 실내 벽면은 항상 높은 온도 쪽에 노출되어 있어야 한다.

외벽의 인접 공간은 외부의 소음으로부터 방음처리 되어있어야 한다. 대부분의 실내 공간이 항공기, 교통 등 외부의 소음으로부터 방음되는 것이 원칙이지만 그 역의 경우도 성립한다.

단열과 방음은 특수 유리(단열 및 방음 유리)를 통하거나 특수 창문 구축법(혹한기용 창호, 복층 유리, 박스형 창호)을 통해 이루어질 수도 있다. 단열 효과가 좋아지면 실내 쪽 유리창의 온도가 상승하게 되고, 이를 통해 창문 주변의 불쾌한 한기는 감소된다. 단열 및 보온 기술의 측면에서 볼 때, 보다 기술적으로 향상된 유리를 사용하면 창문의 구조적 관계가 변화된다. 단열 처리된 목재 프레임이

\\ 참고:
외벽의, 특히 유리면의 실내 표면온도는 난방 조건과 쾌적도에 영향을 미친다. 거주자가 느끼는 온도는 공기의 온도와 표면온도의 평균치이다. 외벽 구조와 재료의 선택, 그리고 기능이 향상된 창호를 사용하면 실내온도를 적정선에 유지시킬 수 있다.

\\ 참고:
집중 결로
실내 공간에서 수증기의 온도가 액화점까지 떨어지면 결로현상이 일어난다. 따라서 표면온도는 특히 유리면과 접합부에서 가능한 높게 유지되어야 한다.

나 레미네이트 재료, 혹은 단열면을 사이에 둔 철제 프레임을 사용하면 창문의 전체적인 기능이 향상된다.

겨울철의 단열 문제도 중요하지만 여름철 창문의 과열에 대한 주의도 기울여야 한다. 이것은 개구부의 크기와 건물의 방향에 의해 좌우된다.

습기방지와 기밀성
Damp protection and airtightness

우천시 창문을 통해 빗물이 스며들거나 튕겨 들어오는 것을 방지함은 물론 습기의 유입까지 방지해야만 건물 외피의 파손을 막을 수 있다.

외풍의 유입을 방지함과 동시에 자연환기를 가능하게 하려면 기밀성이 향상된 창호철물과 부품을 사용하여야 한다. 이 원칙은 창문과 건물벽체와의 모든 접점에 적용됨은 물론 고정창과 개폐창이 만나는 접점의 사이에도 적용되어야 한다. 단열에 대한 규제기준이 높아지면 환기시 열손실이 건물 전체의 에너지 조건에 미치는 피해도 줄일 수 있다.

외기로부터 유입되는 습기 뿐 아니라 실내 공간에서 생성된 습기도 창문과 그 접합부에 영향을 미친다. 습기를 발산시키기 위해서 방습 기능의 레이어는 실외쪽 보다는 실내쪽이 항상 두꺼워야 한다. 그래야만 실내로부터 발생한 습기를 건물의 구조체를 통해 완전히 방출시킬 수 있다.

스크린/ 눈부심 방지
Screens, glare protection

실내 공간의 프라이버시를 위해 규모가 큰 개구부에는 시선 차단용 스크린을 도입할 필요가 있다.

눈부심 효과는 빛의 밀도분포가 콘트라스트를 이룰 때 발생하는데, 이것은 특히 모니터를 사용하는 사무공간에서 간섭이 심하다. 눈부심 방지 시스템은 내부로의 빛의 유입을 감소시킴으로 컴퓨터 스크린과 우리의 시야에 들어오는 빛의 명도차를 줄여준다.

\\ 중요:

인체공학적 측면에서 창문과 천창에는 눈부심 방지장치가 설치되어 실내공간으로의 직사광선의 유입을 막도록 하는 것이 중요하다. 이와 관련된 법규와 적정 수치는 국가별 법규와 EU 시행령 90/270/EEC, ISO 9241,에 명시되어 있다.

그림 7:
반투명의 눈부심 방지 장치

그림 8:
추락방지 장치

눈부심 방지 장치는 실내 쪽에 설치한다. 그러나 이것이 자연광을 완전히 차단하거나 외부로의 전망을 차단해서는 안 된다. 개구부의 아래쪽으로부터 젖혀 올려서 개구부 전체를 가리지 않고도 원하는 위치에 장착시킬 수 있는 그런 시스템의 사용이 바람직하다. 〉 그림 7 참고 시야를 차단하는 스크린은 건물의 외부, 이중창의 내부, 혹은 실내에 장착될 수 있다.

방화
Fire protection

건물은 화재가 발생하지 않도록 만들어져야 하지만 만일 화재가 발생할 경우, 불이 다른 곳으로 번지지 말아야 한다. 화재는 개구부를 통해 한 방에서 다른 방으로 혹은 한 층에서 다른 층으로 전이된다. 화재가 전이되는 것을 방지하기 위해 창문의 유리와 프레임은 방재의 기준에 부합되어야 하고 프레임과 유리의 재료 선택시 그 기준이 반영되어야 한다.

내충격성, 추락방지
Impact resistance, fall protection

특히 숍 윈도우나 파노라마식 전면 유리와 같은 전층 높이의 유리창은 충격하중을 견뎌낼 수 있는 특수 유리와 그것을 지지하는 구조체의 디자인에 의해 영향을 받는다.

전층 높이의 창과 대형 고정창 혹은 전면 유리문을 포함한 모든 개폐 가능한 창문에서의 추락을 방지하기 위해 건축 법규에 지정된 난간 높이를 준수해야 한다. 〉 개구부의 구성요소 장 참고 이것은 난간이나 창에 고정된 부재들을 통해 반영된다. 〉 그림 8 참고

도난 방지
Burglar resistance

지상층 창문이나 돌출형 발코니로 연결된 창문들처럼 접근이 용이한 외벽 영역은 도난방지에 대한 특별한 대처를 해야 한다. 일반적으로 상용되는 창호부품들은 도난방지 처리가 되어있지 않기 때문에, 간단한 도구로 창문이나 유리문 등이 열릴 수 있는 위험을 안고 있다. 외부로부터의 침입 방지 기능을 향상시키려면 창호철물과 유리 개폐장치가 일체화되어 있는 프레임으로 구성된 창문 구조체를 사용하거나 외부 덧창을 달아야 한다.

1.2 조절 기능

개구부의 크기와 배치 계획에서 때로는 서로 간섭관계에 있는 여러 조건들을 일관성 있게 조합할 필요가 있다.

개구부의 크기는 단지 외부로의 전망과 소통에 영향을 주는 것 뿐 아니라 자연 채광과 태양에너지의 직접적인 사용 가능성에 지대한 영향을 준다.

개방 면적
Aperture area

개구부의 크기와 프레임의 비례에 의해 결정되는 "개방 면적" 이라고 하는 절대치수도 물론 중요하지만, 나침반의 방위에 의한 배치방식 또한 결정적으로 중요하다.

개구부의 크기를 증가시키면 다음과 같은 효과가 있다:

- 보다 많은 자연광의 유입
- 보다 많은 태양 복사에너지의 유입
- 여름철 과열 문제 발생
- 단열면적의 감소
- 유리 청소의 필요성 증가

개구부의 형태와 외벽면에 배열된 모양은 항상 벽 뒤에 위치한 방의 구조와 직접적으로 연계되어 있다. 그것은 자연광의 유입, 환기, 및 거주자가 외부세계와 맺는 시각적 연계성 등에 영향을 미친다.

\\ 참고:
대부분 국가들은 인접 건물을 향하는 외벽의 개구부의 이격거리와 배치 관련 사항들을 규정하고 있다. 일반적으로 최소 5m를 이격시키는 것을 기본으로 한다.

\\ 중요:
거실에서의 가시선을 계획하는데 다음 치수를 기초로 활용할 수 있다 (바닥면으로부터의 높이):
- 창문의 상부 모서리 〉= 2.2m
- 창문의 하부 모서리 〉= 0.95m
- 창문의 가로폭 〉= 실내벽 가로폭의 55%

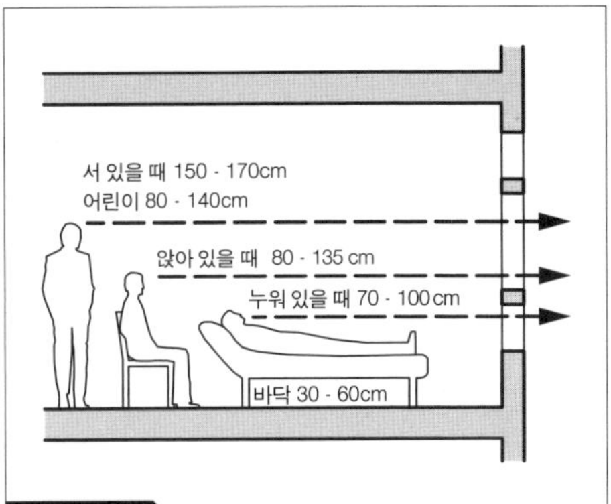

그림 9:
평균 눈높이 값

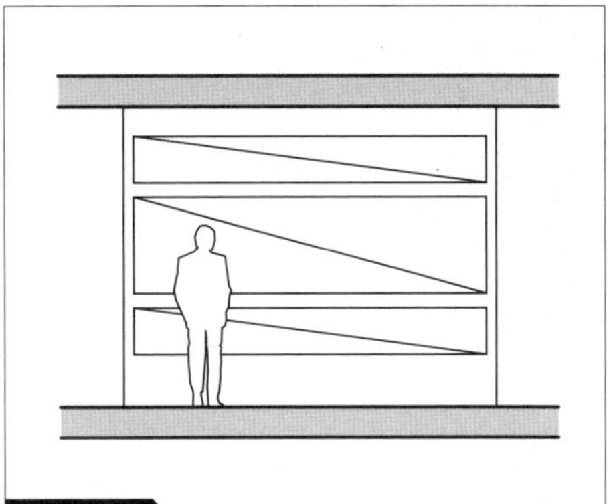

그림 10:
눈높이 영역에서 창살 제거

개구부의 위치를 설정하기 위해서는 수평적인 관계와 수직적인 관계 모두를 연계해서 생각해야 한다. 가구의 배치가 때로는 개구부와의 수평적 관계에 변화를 가져올 수 있다.

외벽의 수직적 관계는 다음의 영역으로 구분해 생각할 수 있다:

- 상층부 (상인방 상부의 창문 영역)
- 창문부 (내부로부터 보이는 시야의 영역)
- 난간부

가시선
Sightlines

외부 세계와의 시각적 연계는 유리나 플라스틱 같이 투명하고, 변형이 일어나지 않으며, 이론상으로는 색이 존재하지 않는 건축 재료를 통해 생긴다. 개구부에서의 가시선은 띠창이나, 파노라마 창문, 혹은 전층 높이의 창문 등을 통해 개방적인 형식을 취할 수도 있지만, 보다 작은 크기의 창문을 사용하거나 정확한 배치 방식을 통해 철저하게 규정되거나 제한적인 가시선을 가질 수도 있다. 〉 그림 9 참고

눈높이
Eye level

개구부의 위치는 앉아있거나 서있는 사람의 눈높이를 염두에 두고 계획되어야 한다. 여기서 사람들의 체형, 가시선, 및 특정 행위(서있거나 누워있거나 앉아있는)와 연관된 인체비례가 주된 결정 요인으로 작용한다. 여러 가지 행위에 각각 다음의 평균 눈높이를 적용할 수 있다:

- 서 있을 때 150–170cm
- 앉아 있을 때 (사무실) 80–135cm
- 누워 있을 때 70–100cm

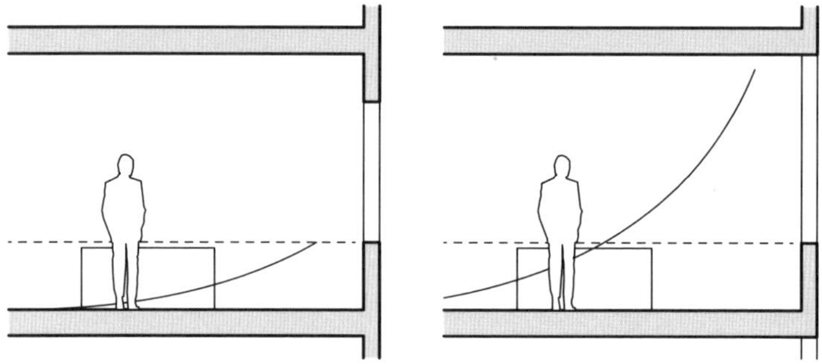

그림 11:
개구부의 위치에 따라 변하는 자연채광

개구부는 사용자의 활동과 위치에 맞추어 분할되어야 하고 외부 공간과의 시각적 연계성을 확보하기 위해 눈높이에 수평 혹은 수직 부재가 설치되어 가시선을 가로막는 일이 발생하지 않도록 계획되어야 한다. 〉그림 10 참고

열린 창문 옆에 서 있을 때처럼 외부 세계와의 시각적 연결성은 종종 환기의 필요성과 바로 연계되기도 한다. 따라서 개폐장치는 손이 닿기 쉬운 곳에 위치하여야 한다.

자연채광
Lighting

자연채광은 생리학적으로나 에너지소비의 측면에서 중요한 문제이다. 계절별 혹은 밤낮에 따라 끊임없이 변하는 태양의 궤적은 건물 내부에 빛과 그림자의 상호작용과 자연광의 색조변화를 통해 경험된다. 적절한 자연광은 건강은 물론 작업 능률과 생산성에도 중요한 요인으로 작용한다.

건축법규에서는 일반적으로 가용 바닥면적의 1/8 정도를 거실 개구부에 필요한 최소 면적으로 규정짓고 있다. 최소 면적의 수치는 방의 깊이와 상관관계가

\\ 중요:
주광률 (D: daylight factor)은 일시적인 빛의 분포를 나타내며, 보통 상황에서 안과 밖에서의 확산광의 조도를 퍼센트로 나타내준다.

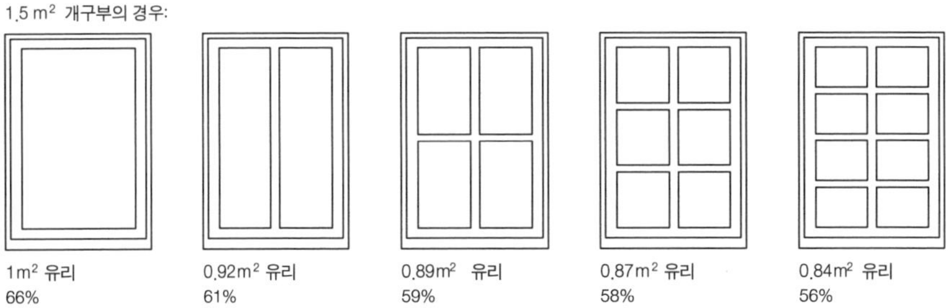

그림 12:
전체 면적에 대한 유리면의 비율

있다. 자연광이 방의 한 쪽에서만 들어올 경우 방의 깊이가 감소함에 따라 유입되는 빛의 양도 감소할 것이다.

외부로부터의 영향
External influences

외부로부터 영향을 주는 요소로는 다음의 것들이 있다:

- 향과 배치
- 계절별, 밤과 낮에 따른 변화
- 빛의 강도와 색조
- 인접 영역이 만드는 그늘 (식재, 다른 건물)

방을 채광할 때 개구부의 상층부는 중요한 역할을 한다. 창문이 높을수록 많은 양의 빛이 방의 깊은 곳 까지 유입될 수 있다. 똑같은 크기의 개구부를 두고 볼 경우, 창문의 상층부가 바닥면으로부터 높게 위치할수록 채광률이 높아지는 것을 알 수 있다. 반면, 개구부의 난간부(0.85m 기준 높이 아래 영역)는 채광률을 높이는데 그다지 큰 역할을 하지 못한다. › 그림 11 참고

자연채광의 활용을 위해서는 개구부의 절대 크기보다는 벽체에서의 위치가 더 중요한 역할을 한다. 일반적으로 수직 벽체에 뚫린 수직 창을 통해 유입되는 광량은 평지붕에 뚫린 같은 크기의 수평창을 통해 유입되는 광량의 1/5이다. 실내에 유입되는 실제 빛의 밝기는 실내 벽면의 반사도와 주된 색채에 따라 현저하게 달라질 수 있다.

작업공간은 창문 가까이 배치되어야 한다. 이 때 작업자의 그림자가 작업

그림 13:
아르누보식 창문

면을 가리는 일이 발생하지 않도록 빛이 떨어지는 방향과 작업자가 바라보는 주방향(주로 개구부면과 평행한 방향)을 염두에 두고 계획되어야 한다.

창문을 구성하는 구조부재의 위치와 창문에 낀 먼지로 인해 광량이 감소될 수 있다. 창문의 프레임, 인방, 그리고 창살 등이 많게는 개구부 면적의 40% 정도까지 차지한다. 〉그림 12, 그림 13 참고

창문 위에 돌출된 캐노피, 발코니 및 보조벽 같은 수평 구조체들은 부수적인 자연광의 유입을 제한할 수도 있다. 그래서 이러한 불투과성의 구조체에는 밝은 색 페인트를 칠하는 등의 방식으로 최대한 반사성을 높여줄 필요가 있다. 자연광을 최대한 활용하기 위해서는 빛의 방향을 조절하는 장치를 개구부의 전면에 설치하고 실내 천정을 높은 반사도의 재질로 정해서 빛을 깊은 실내 공간까지 끌어들일 수도 있다.

태양에너지의 활용
Using solar energy

여가를 즐기는 공간에서 자연광의 역할은 특히 중요하다. 유리면을 통해 들어오는 자연광은 '온실효과'를 통해 건물의 난방 시스템을 보조할 수도 있다.

개구부 바로 뒤에 존재하는 공간과 연계시킬 경우, 개구부는 단순한 형태의 축열에너지 저장 시스템으로 쓰일 수도 있다. 직접 이용될 수 있는 태양에너지의 비율은 다음의 네 가지 변수에 의해 결정된다. 지역별 날씨, 특정 방향, 개구부의 입사각, 차양 장치의 유무

중부 유럽의 경우 태양 복사에너지를 이용할 수 없는 것은 아니지만, 하루 혹은 계절별로 필요한 난방 기준을 충족시키기에는 부족하다. 단열이 잘되고 정남방향으로 배치되어 태양광이 잘 들어오는 집일 경우, 난방을 해야 하는 계절에 필요한 열에너지의 1/3을 태양에너지로부터 얻을 수 있다. 만일 개구부가 여름철에 특별히 집중적인 태양광을 받는 동향 혹은 서향으로 배치되어 있을 경우, 건물 전체의 온도 평형을 유지하기 위해서 그 개구부의 면적비율이 전체 개구부 면적의 40%를 넘지 않도록 각별히 주의를 기울일 필요가 있다.

태양복사열의 유입량은 개구부 면적과 정비례 관계에 있으므로 유리창의 면적이 넓을수록 과열상태를 불러올 가능성이 크다.

태양을 향한 방향, 개구부의 크기, 필요한 열량과 실내에서 축열 가능한 재료의 사용 등 모든 조건이 균형을 이루어야 한다. 난방을 해야 하는 시기라 해도, 개구부의 면적이 전체 면적의 50%를 초과할 필요는 없다. 돌출되어 있는 구조체 즉, 차양시설이 갖추어져 있다면 별도의 냉방 시설 없이도 쾌적한 실내 온도를 얻을 수 있다.

실제로 이용할 수 있는 태양에너지의 양은 구조체나 사람들의 사용방식에 의해 제한받기도 한다. 이러한 이유로 얇은 구조 프레임을 선택하거나 경량의 반투명 칸막이를 도입하는 것이 합리적이다. 망사 혹은 기타 종류의 커튼 또한 태양열의 유입을 감소시키는데 도움이 된다. 실내 스크린과 눈부심 방지막은 태양에너지의 축적을 한 층 더 감소시킬 수 있다.

건물의 여러 특성들 때문에 실제로 이용될 수 있는 태양 복사에너지는 이론상 최소치의 거의 절반 밖에 미치지 못하고, 사용자의 행태와 관계된 요인들까지 더하면 이론상 최소치의 1/3까지도 감소될 수 있다.

환기
Ventilation

자연채광 다음으로 중요한 개구부의 기능은 환기이다. 환기는 거주자의 쾌

\\ 중요:

유리창이 많이 분포된 사무실은 태양광에 의한 과열과 인공조명, 사무기기, 사람에 의한 실내 열부하가 겹쳐져서 높은 냉방부하를 필요로 하게 된다.

\\ 참고:

일사 취득은 창문이나 투명/반투명의 구조체를 통해 건물 안으로 들어오는 태양에너지를 의미한다. 이것은 건물과 내부 공기의 온도를 상승시키므로 난방의 필요성을 줄여주는 효과가 있다. 그러나 취득된 일사량의 많은 부분이 건물 주변부로 산란되기 때문에 실제로 사용가능한 양은 일부분에 지나지 않는다.

적함과 건강 뿐 아니라, 건물의 소장물을 보호하기 위한 기본 기능이다. 환기란 방안에 차있는 공기를 신선한 공기로 교체해주는 것을 의미한다. 전통적으로 이 기능은 외벽부의 창문을 통해 이루어지거나 (바람직한 환기), 개구부와 창문 사이 혹은 차양 시설과 문짝 사이에 생긴 불완전한 접합부를 통해 일어난다. (바람직하지 않은 환기 방식)

이러한 공기의 이동은 실내와 실외의 기압 차이 때문에 발생하는데, 이것을 자유로운 혹은 자연적 환기방식(혹은 공기의 충돌에 의한 환기방식) 이라 말한다. 실내의 공기가 교체되면 실내에 신선한 공기가 유입되고, 습기가 제거되고, 악취와 이산화탄소를 내보내서 실내 공간을 쾌적하게 만들어준다.

창문을 통한 환기
Window ventilation

공기 교체율은 창문의 면적과 열리는 방향에 의해 결정된다. 창문 반대편 벽에 있는 창문이나 방문이 열리는 정도, 혹은 블라인드 등의 채광조절장치의 위치에 따라 환기의 기능이 향상될 수도 있다. 거주자의 행태는 각기 다르기 때문에 시간당 0.5 ~ 1/h 정도 범위의 공기 교체율을 권장한다. 환기 뿐 아니라 공기의 속도도 쾌적도에 영향을 미친다. 실내 공간에서 속도의 최대치는 0.2m/s 이다.

개별적으로 열리는 창문의 장점은 거주자가 직접 신선한 공기의 유입을 조절할 수 있다는 것이다. 창이 열린 상태에서는 차양장치나 스크린 시스템, 벽과 기둥 같은 구조적 요소들과 충돌하지 말아야 하고, 실내의 활용 방식을 제한하지 않도록 해야 한다. 방의 한 쪽에만 창이 있는 경우, 방의 깊이가 개구부 높이의 2.5배를 넘지 말아야 자연환기가 적절히 일어난다고 볼 수 있다.

실내 공간의 환기는 창문에만 의존하는 것은 아니다. 특히 단열 용도의 삼중유리나 대형 유리창처럼 많은 무게가 나가는 창문 시스템의 경우, 고정된 유리창과는 구별하여 별도의 경량 환기창을 따로 두는 것이 선호되기도 한다. › 그림 14

참고

\\ 참고:

공기교체율 n의 단위인 (1/h)는 한 시간 동안에 방이나 건물의 부피에 해당하는 공기가 교체되는 횟수로 나타내어진다.

예: n = 10/h 이면
방이나 건물 부피의 10배에 해당하는 공기가 한 시간 동안 교체됨을 의미한다.

\\ 중요:

창문 위치	시간당 공기 교체 (AC)
창문과 문 닫음	0.1 ~ 0.3
창문 젖힘, 블라인드 닫음	0.3 ~ 1.5
창문 젖힘	0.8 ~ 4
창문 반 열림	5 ~ 10
창문 완전 열림	9 ~ 15
마주보는 창과 중간문 완전 열림	최대 40까지

그림 14:
불투명 환기창이 딸린 창문

창문을 통한 환기 방식에서 거주자의 사용 행태에 따라 갖가지 문제점들이 발생할 수 있다. 보통의 환기 방식은 종종 무시되기 쉽고, 수동 환기방식은 충분한 양의 공기를 교체시키지 못한다. 공기의 흐름이 조절되지 않기 때문에 겨울철에는 환기를 통한 열손실이 일어나고, 여름철에는 냉방 부하가 추가되는 경우도 있다.

건축의 외벽 구축방법에서 열손실을 막는 단열 기술이 발전됨에 따라, 건물의 에너지 비용 중 환기에 의한 열손실이 차지하는 비중이 더 심각해지고 있다. 공기의 유입을 중앙에서 조절하는 방식으로 전환하면 부적절한 환기의 방식을 방지할 수는 있겠으나, 개별적인 조절의 가능성을 잃어버리게 될 수 있다. 패시브 건물의 경우에는 기계적으로 유입과 유출을 관리하는 특별한 환기 시스템을 도입하고 있다.

\\ Tip:

조절이 쉬운 작은 개구부들이 최대한 수직방향으로 멀리 떨어져 있으면 (장기적으로) 환기에 유리하다. 이것은 또한 원하지 않는 외기의 유입을 방지하는데 도움이 된다. 이런 면에서 영어 사용권 국가들에서 사용되는 수직방향 새시창호는 다른 유럽 지역의 틸트-턴 방식의 창호보다 환기에 유리하다.

접합부를 통한 환기
Air change through structural joints

많은 건물들(특히 오래된 건물)의 경우 구조체의 접합부에 발생한 틈 사이로 공기가 교체되기도 한다. 접합부를 통한 환기는 조절되지 않을 뿐 아니라 공기를 균등하게 유입 혹은 유출시키지 못한다. 또한 접합부에 누적되는 결로현상에 의해 구조체 자체가 손상될 수도 있다. 물론 이러한 문제점은 밀봉의 기능 향상과, 완벽한 기밀성의 인터페이스를 새 건물에 적용하면서 점차 사라지고 있다.

1.3 모서리

개구부는 각각의 위치에 따라 제각기 다른 기능을 갖는 구조적 요소들에 의해 둘러싸여 있다. 건축 재료에 내재된 물리적 속성과 그 모듈의 결합방식에 의해 발생하는 직각의 구조체를 유지해야만 할 필요는 없다. 형태의 응용을 통해 직접적인 자연광의 유입, 외부로의 조망, 및 태양에너지의 활용에 영향을 미칠 수 있다.

특히 두꺼운 벽체를 구축하는 경우, 개구부는 외부의 보호 외피와 실내의 벽 표면 사이에 존재하는 한 공간으로 작용하게 되고 그 창의 위치에 맞추어 3차원적인 형태로 만들어질 수도 있다.

현대적인 건축 디자인의 경향과 에너지 절약형 건물들에 의해 "현대적" 이라 할 수 있는 건물의 벽 두께가 반드시 얇아지는 방향으로만 가지는 않는다는 것을 알 수 있다: 즉, 단열에 대한 기준이 강해지고 이에 따라 벽체의 두께도 증가하게 되므로, 벽체의 모서리를 어떻게 처리하느냐의 문제가 다시 한 번 중요한 쟁점으로 떠오르고 있다.

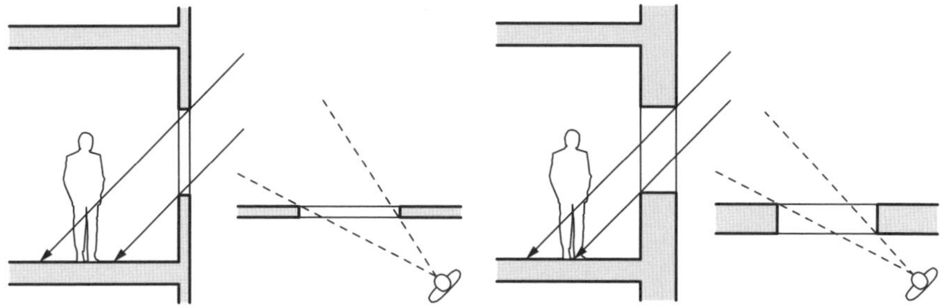

그림 16:
벽두께에 따라 변하는 자연채광과 가시영역

벽체 두께
Wall thickness

똑같은 면적의 개구부 안에서 벽체의 두께와 이음새의 디자인, 유입되는 채광량 및 태양에너지의 활용문제가 모두 서로 영향을 받고 있다. 이것에 더해서 건물의 유형이나 구축 방식이 시선의 범위를 제한하거나 확장시키며 실내에서 외부를 바라보는 우리의 시선에도 영향을 미치고 있다. 〉그림 15, 16 참고

더 얇은 벽두께로 그늘효과가 현저하게 적게 나타나는 비내력벽체인 커튼월의 경우에는 실내로 확장되는 창살과 인방의 두께는 물론 유리의 두께도 함께 계산되어야 한다.

기하학적 형태의 디자인
Geometrical design

작은 개구부를 크게 보이게 하거나 실내로 유입되는 광량을 증가시키려면 모서리를 각으로 딸 수도 있다. 이처럼 창 부위에 대한 사선 절개방식은 외부 혹은 내부 어느 쪽으로도 열릴 수 있다. 절개된 모서리 부분을 밝고 반사성이 강한 색으로 도색하면 유입되는 빛의 양이 증가된다.

개구부의 모서리에 대한 처리는 건물 전체 혹은 개별 창호별로 적용되거나, 대칭 혹은 비대칭으로 적용될 수 있다. 사선 처리된 모서리는 외벽의 특성과 별 상관없이 조적조, 콘크리트조, 혹은 자연석 구조에 각각 적절히 적용될 수 있다.

외부를 향한 사선 빗이음
Outward-facing beveling

외부를 향해 열리는 방식의 사선으로 빗이음 처리된 상인방은 해가 절정에 떠있을 때 실내로 유입되는 광량의 비율을 높여준다. 바깥으로 확실하게 숙여진 창문턱은 우수 처리 기능을 향상시키고, 특히 고층건물에서 외부와의 시각적 연계성을 향상시켜줄 뿐 아니라 외부 시선을 차단하는 스크린 역할도 한다. 〉그림 17 참고

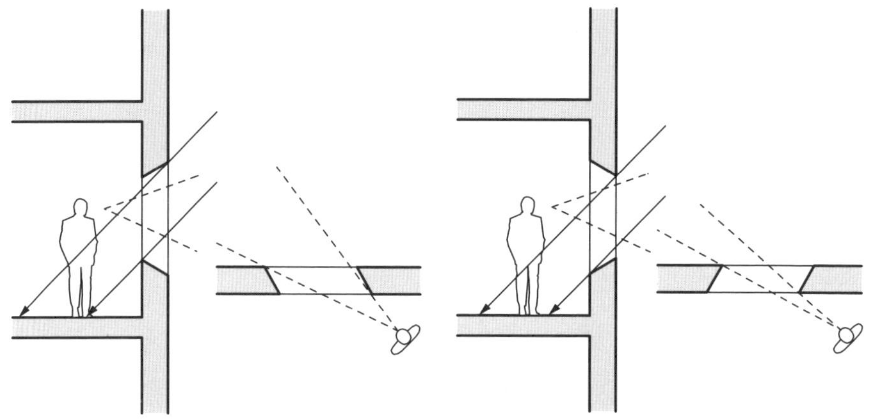

그림 17:
모서리 모양에 따라 변하는 자연채광과 가시영역

내부를 향한 사선 각처리
Inward-facing beveling

내부를 향해 사선으로 열린 빗이음 창틀은 개구부와 실내벽면 사이의 콘트라스트를 줄여줌으로써 실내 공간의 눈부심 효과를 줄여주는 역할을 한다. 직각 모서리는 그림자를 발생시킨다. 천정을 비추는 개구부와 어두운 실내 벽체 사이에 있는 수평 벽면은 상대적으로 작은 편이다. 구름이 끼지 않은 맑은 날에 이 수평 벽면 부분이 사선으로 각이 따져 있으면 중간 밝기의 영역이 만들어진다. 모서리의 깊이와 각도에 따라 눈부심 효과가 사라지거나 감소된다.

"창틀을 두껍고 각지게 만들라: 약 1피트(30cm)의 두께를 주고, 창문 표면으로부터 50에서 60도의 각도로 만들어서 자연광의 은은한 변화가 창문의 밝은 빛으로부터 실내의 어두운 벽면까지 자연스럽게 변화되도록 하라." (크리스토퍼 알렉산더 외, 패턴랭귀지, 옥스퍼드 출판사, 뉴욕 1977, p. 1055)

과거의 사례와는 대조적으로, 많은 현대 건물들이 비대칭적인 해결방식을 들고 나온다. 이를 통해 개별적인 미기후적 상황과 도시 맥락 사이에 특별히 밀접한 연계를 만들어낸다. 〉 그림 18, 19 참고

개구부의 모서리를 기하학적 형태로 마감할 때는 그 개구부의 크기와 나머지 벽체가 적절한 비례관계를 이루도록 각별히 관심을 기울여야 한다. 개구부의 구조적 요소를 각각 서로 교차시키거나, 계단식으로 배치하며 모서리를 이격시키면, 벽체의 외관을 조각적으로 보이게 하는 효과를 얻을 수 있다. 이 효과는 빛과

그림 18:
한 쪽 모서리 사선처리 빗이음

그림 19:
두 모서리 사선처리 빗이음

그림자, 색다른 재료 표면, 및 색조의 다양성에 의해 한 층 더 강조될 수 있다. 또한, 창문틀을 확장하는 식으로 구조적 요소들을 외피 표면보다 바깥쪽에 설치함으로써 창문 모서리의 두께를 더 두껍게 할 수는 있으나 더 얇게 만들 수는 없다.

〉 개구부의 구성 장, 구성요소 절 참고

개구부의 크기, 모서리 디자인, 광량의 유입 및 태양에너지의 활용 등의 상관관계에 대한 문제를 양적으로 설명해주는 자료는 아직 부족한 편이나, 디자인 영역에서 개구부 계획에 대한 항목들은 넓게 확장되고 있다.

1.4 조절 장치

개구부에 장착된 각종 조절장치들은 실내 공간에 미치는 기후와 날씨의 영향을 기계적으로 혹은 수동으로 조절하기 위해 더해진 것이다. 이와 같은 구조적

\\ 사례:
기하학적 형태로 강조된 개구부의 사례는 프랑크푸르트의 건축가 Christoph Mackler와 슈투트가르트의 Lederer Ragnarsdottir Oei의 작업에서 볼 수 있다.

그림 20:
움직이는 창살을 가진 셔터

장치들은 공기의 투과도에 따른 공기의 질을 규제하고, 실내와 외부 사이의 온도와 습도를 시간 혹은 계절에 맞게 조절해줄 뿐 아니라, 태양 복사에너지를 부분적으로 혹은 완전히 차단시켜주기도 한다. 이러한 몇 개의 조절 장치들은 각각의 작동 방식을 갖고 있으며, 필요에 따라 동시에 서로 결합되어 사용될 수도 있다.

개구부의 면적을 확장하는 방식에 대한 연구도 진행되고 있지만, 원하는 투과성을 제공하는 새로운 재료와 구조방식에 대한 연구 또한 진행되고 있다. 이러한 장치들의 초기 버전은 동물 가죽, 천, 혹은 종이로 만들어진 것들이었다. 그 뒤를 이어 밀거나 여닫을 수 있거나 반투명의 유기적 재료로 씌워진 목재 셔터들이 사용되었다. 이처럼 단순한 목재 셔터들은 새로운 시스템의 출현에 맞추어 다양한 범위의 가동식 건축요소들로 진화되었다. 〉그림 20 참고

조절 장치들은 기계적으로 작동될 수도 있다. 날씨 상황에 맞추어 반응하는 센서에 의해 시스템은 자동으로 조절될 수 있다. 이 때 거주자가 임의적으로 자동 시스템에서 수동으로 우선적으로 전환시킬 수 있는 가능성을 열어두는 것이 합리적이다. 쾌적도와 에너지 소비와의 상관관계는 여러 가지 다양한 요인과 원리들을 결합시켜서 최적화할 수 있다.

조절 장치의 위치
Positioning

이러한 조절 장치들을 어떻게 위치시키느냐에 따라 그 기능적 역량이 바로 영향을 받는다. 그 적용사례는 다음과 같다.

– 개구부의 위치에 기준 (상부/ 중간영역/ 하부/ 단수 혹은 복수의 측면부)

- 외벽의 위치에 기준 (개구부로부터 먼 바깥쪽/ 개구부의 바깥면/ 유리면 사이/ 개구부의 안쪽)

조절 장치의 기능
Functional properties

조절장치들은 그 기술적인 면과 재료적 측면에 따라 디자인이 다르게 나타나는데, 특히 개폐방식과 다양함의 정도 즉, 개구부의 확장 범위의 한계에서 그 차이가 나타난다. 조절장치의 작동 방식과 작동 방향이 그것을 결정하는 요인이다.

우리에게 익숙한 시스템은 다양한 범위의 마감방식으로 제공된다. 그 주된 유형은 크게 세 가지로 볼 수 있다:

- 투과성의 정도에 따른 분류
- 움직임(요소별 작동방식)에 따른 분류
- 포장 규격과 치수에 따른 분류

투과성
Permeability

빛, 공기 및 열의 투과도의 속성과 범위는 조절장치의 기능에 지대한 영향을 미친다. 완전히 열려있거나 닫혀 있는 상태의 중간적 위치에 세팅을 맞출 수도 있다. 그러기 위해서는 원하는 정도의 투과도에 세팅이 맞춰져야한다. (완전히 열린 창살에서 가느다란 블라인드 가로 살까지)

움직임
Movement

조절장치는 움직임이 가능하다고 분류된 것을 사용하거나 움직임이 가능하도록 만들어질 수 있다. 이들은 고정되어 있지만 시간의 차이를 두고 임시로 움직일 수 있는 방식으로 적용된다. 즉, 덧창이나 이중창 같은 고정 장치 혹은, 접이식 셔터나 롤러 블라인드 같이 계속적으로 움직이는 장치로 적용될 수 있다.

이 책에서 언급되는 조절장치들은 계속적으로 움직임이 가능한 요소로 다루어진다. 물론 전혀 움직이지 않는 시스템들도 존재한다. (예: 교환 가능한 특수유리, 가스주입식 혹은 전기식 색유리) 〉 창호 구성요소 장, 특수유리 절 참고

조절장치들은 여러 가지 구성부품들의 조합을 통해 만들어질 수도 있다. 이들은 각자 다른 방식으로 움직임이 일어나면서 다양한 투과도의 범위와 색다른 환경을 만들어낸다.

포장 규격
Packed size

제품의 포장 규격, 즉 제품 규격의 상대적인 변화범위는 조절장치의 사용에 있어서 중요한 사항이다. 경첩으로 열리는 여닫이창에서처럼 그 규격이 전혀 변하지 않는가하면, 접이식 셔터나 블라인드에서처럼 적용면적의 6-10%정도의 크기로 줄어드는 경우도 있어서, 제품을 운반하는 데에 직접적인 영향을 미친다.

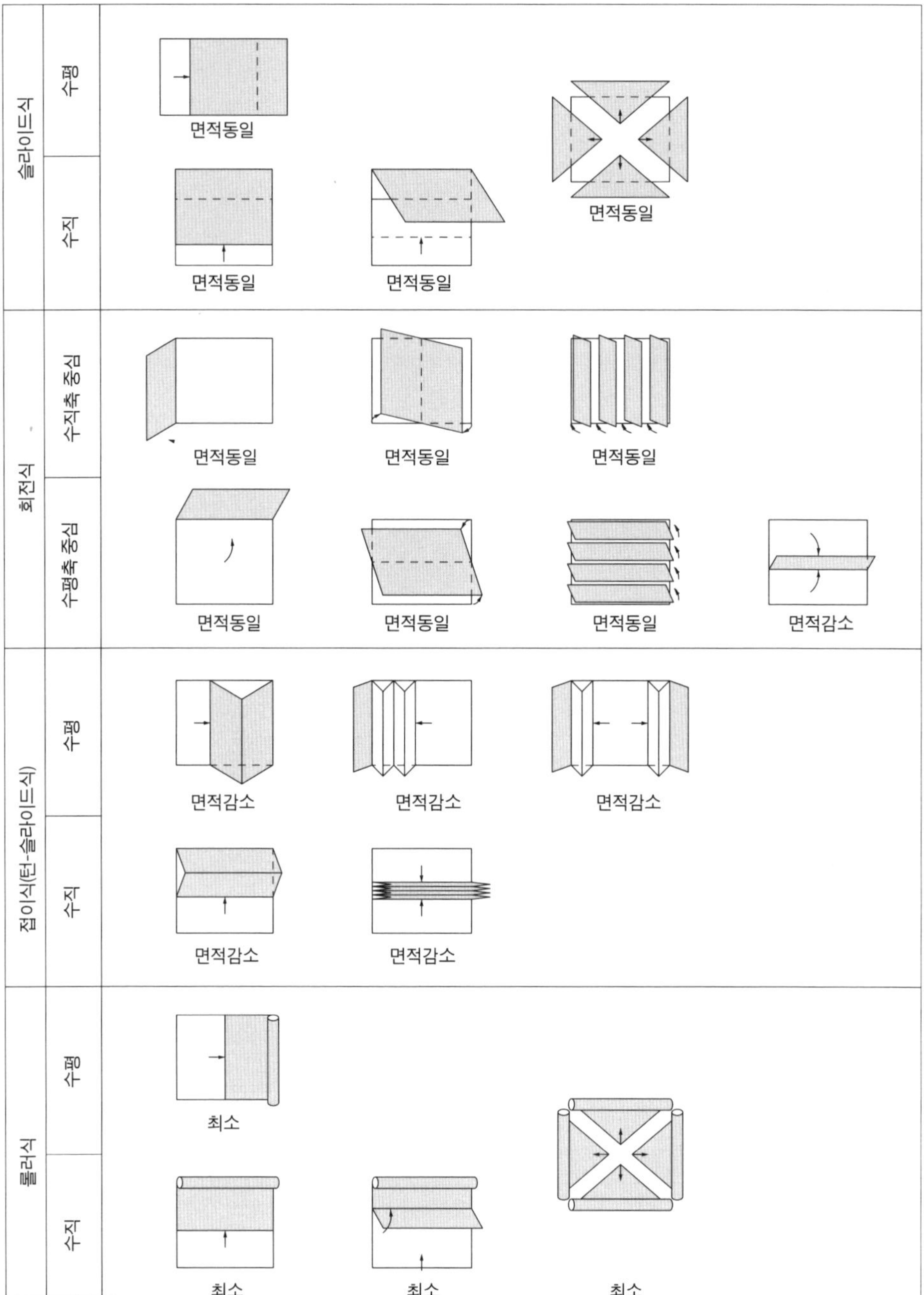

그림 21:
일반적 작동 방식에 따른 유형분류

움직임의 원리와 방향
Nature and direction of movement

움직임의 유형은 주로 움직임 원리의 조합으로 나타나며, 방향성과 결합되면 여러 가지의 다양한 가능이 제공된다. 각각 독립적으로 작용하는 빛, 음, 열에 대한 기술 효과에 반응하여 쾌적한 환경을 효율적으로 만들어낼 수 있다. 각종 움직임의 방식은 다음과 같다.

- 수직축 중심의 움직임 (회전, 롤러 셔터)
- 수평축 중심의 움직임 (회전, 수평 블라인드)
- 동일한 구성요소를 통한 공간 변화 (구성요소의 재해석, 미닫이 셔터)
- 구성요소와 공간의 완전한 변화 (구성요소의 변형, 롤러 블라인드)

움직임의 유형은 그 작동방식 혹은 파사드 표면에서 필요한 공간의 크기(주로 외부/내부, 상부/하부 의 관계)에 의해 분류되기도 한다.

- 회전 방식: 내부 혹은 외부로의 회전
- 접는 방식: 내부 혹은 외부로의 폴딩
- 슬라이딩 방식: 수평 미닫이 (우측, 좌측, 상하 수직방향으로) 〉그림 21 참고

시공 유형
Construction types

개구부를 닫기 위한 가장 단순한 조절장치로는 셔터를 들 수 있는데, 그 이유는 구하기 쉬운 목재로 만들어질 수 있고, 쉽게 다룰 수 있으며 제대로 작동하기 때문이다. 목재 외에도 장소에 따라 자연석을 사용한 예나, 19세기 이후엔 금속재를 이용한 사례도 종종 있다. 초기의 셔터는 창문의 대용으로 도입되었으나 15세기 이후부터는 창문의 부속품으로 사용되었다.

움직임과 부착방식의 유형
Movement and fixing types

조절장치는 그 움직임과 부착방법에 따라 다음과 같이 분류되어진다.

- 미닫이식 셔터 (수평적 움직임): 작은 개구부의 측면에 위치하며 실내 혹은 외부에 위치한 트랙에 장착 〉그림 22 참고
- 상하 미닫이식 셔터 (수직 움직임): 개구부의 상부나 하부에 위치하며 주로 벽체 내부로 들어감
- 경첩에 붙은 셔터 (회전식 움직임): 개구부 측면의 경첩에 붙어있는 셔터

\\ 사례:

창문 셔터는 점점 더 정교해지고 복잡한 시공 과정을 거치게 되고, 그 과정을 보여주는 방향으로 이용되고 있다. 처음에는 불투명의 원목 셔터로 시작했으나 점차 투명 혹은 반투명의 패널을 끼우게 되면서 최소한의 빛과 외부로의 전망을 확보하게 되었다. 1700년경 들어서 납작한 패널 형식은 고정된 가로 창살로 대체되었다. 가로 창살은 나중에 수동으로 움직일 수 있게 고안되어 기다란 목재나 철제부품이 투과되는 일사량을 조절하는 장치 역할을 하게 되었다. 초기에 사용되던 셔터 중에도 몇 개의 부품으로 나눠어져서 각각 채광, 조망, 환기 및 프라이버시 보호의 기능을 독립적으로 조절하던 사례도 있다.

로 수직 창살에 의해 조절된다. 〉 그림 20 참고

- 박스 셔터 (회전과 접이식): 개구부의 상부와 하부에 붙은 경첩에 고정됨
- 접이식 셔터 (슬라이드 방식과 회전에 의한 움직임): 측면 경첩에 고정 〉 그림 23, 24 참고
- 롤러 셔터 (가느다란 창살, 줄 혹은 체인에 매달림) 혹은 막으로 된 롤러 블라인드에 말려들어가는 방식의 움직임: 개구부의 상부에 위치하며 외벽 구조체 안으로 부분적으로 들어감
- 가느다란 창살로 된 베네치안 블라인드 (서로 줄로 연결된 가느다란 창살이 슬라이딩과 회전의 조합에 의해 움직이는 구조): 개구부의 상부에 장착되며 외벽 구조체 안에 부분적으로 들어감 〉 그림 25 참고

조절장치들은 일상적으로 쓰이는 거의 모든 재료로 만들어지고 있다. 만일 여러 가지 다른 작동 메커니즘의 조합으로 움직이도록 구성되어 있을 경우에는 각각의 개별적인 구성요소들이 서로의 동작을 방해하지 않도록 각별히 신경써서 장착되어야 한다.

유닛의 크기
Element sizes

각 유닛 단면적의 크기는 조절장치의 크기와 작동방법에 따라 결정된다. 따라서 수직 방향의 유닛은 창문틀 자체의 작동과 그것에 딸린 슬라이딩 및 폴딩 메커니즘을 지탱하는 구조체에 하중이 걸리는 경우에 적합한 한편, 수평방향의 유닛은 박스형 셔터에 적합하다. 길고 가느다란 방향의 비례가 지나치게 길어질 경우 슬라이딩 셔터는 쉽게 빡빡해질 수 있다. 얇은 창살형 혹은 롤 블라인드 같은 선형 시스

그림 24:
불투명 목재 폴드-턴 방식 셔터

그림 25:
경량 금속 베네치안 블라인드

템은 휨을 방지하기 위해 가로폭을 정하는 데에 주의를 기울여야 한다.

실제 사례: 차양 장치
Practical example: shading devices

조절장치를 선택할 때에는 그 장치의 작동 원리와 기후 사이의 상호 관계를 숙지하는 것이 중요하다. 개구부에 그늘을 만들기 위해 햇빛으로부터 보호막을 제공하려면, 각각 상이한 기후조건과, 계절별 혹은 시간별로 변하는 태양의 위치에 맞추어 대응해야 한다.

남향의 개구부에 그늘을 제공하는 예는 다음과 같이 다양한 원리로 정리될 수 있다:

- 개구부를 완전하게 가림: 이 경우는 외부로의 시각적 연계마저도 막아버리기 때문에, 실내에서는 인공조명을 필요로 한다.
- 다공판, 압출 금속재 등의 반투명성 구조체의 사용: 전반적으로 적용되는 가림판이지만 약간의 빛과 조망을 허락한다. 〉 그림 26 참고

가느다란 창살형 블라인드
Slatted structure

가느다란 창살형 블라인드를 사용할 경우에는 작은 단위의 요소들을 결집시켜서 전체 영역을 분할하는 방식이 훨씬 효율적이다: 창살들은 태양의 움직임에 맞추어 조절되면서도 같은 정도의 전망을 얻을 수 있다. 가장 좋은 방법은 서로 연결되지 않고 독립적으로 조절되는 시스템을 사용하는 것이다. 이것은 외부로의 시선을 가능하게 해줄 뿐 아니라 그늘도 동시에 제공한다. 자연광은 창문의 상부에만 독립적으로 유도될 수 있다. 이 시스템은 태양으로부터는 효과적인 가림막 역할을 하면서 동시에 반투명의 가느다란 창살들을 통한 자연광과 전망을 최적화시켜준다. 〉 그림 27 참고

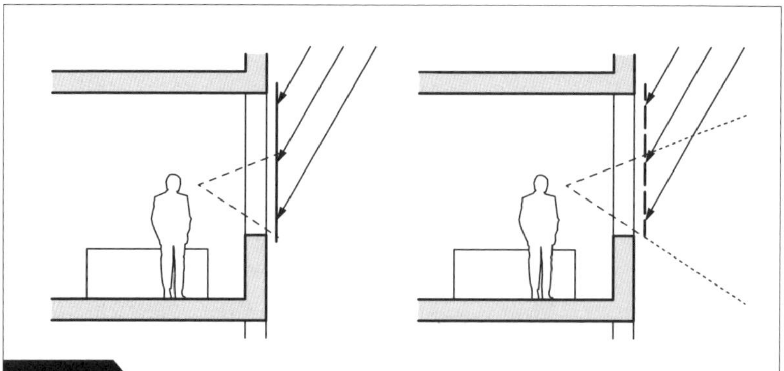

그림 26:
자연광 조절의 기본원리 (가림막, 빛 차단, 필터링, 타공)

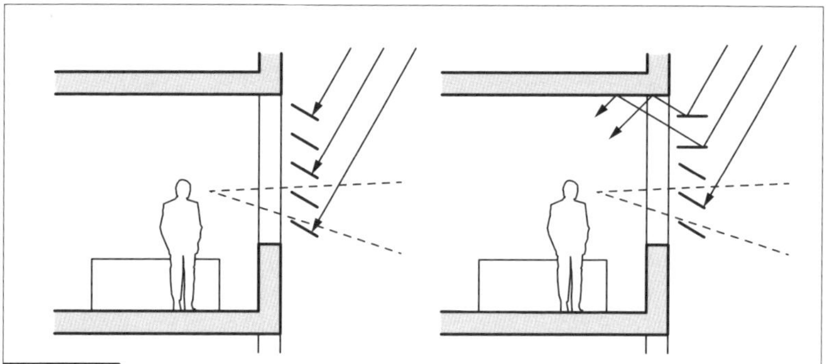

그림 27:
자연광 조절의 기본원리 (빛 차단 혹은 차단+반사)

위치 설정의 기본 원리
Positioning principles

얇은 창살형 장치의 위치를 정하는 데에는 창문의 방향과 태양의 위치에 기반을 둔 두 가지의 기본 원리가 적용된다.

- 수평 창살은 남쪽에 떠있는 높은 입사각의 태양광이 실내로 유입되는 것을 막아준다. 동쪽이나 서쪽에서 들어오는 경우처럼 보다 낮은 입사각의 경우 보다 종합적인 빛 조절 장치가 필요하다.
- 개구부가 동쪽이나 서쪽을 향할 경우 빛을 막기 위해서는 수직 블라인드가 필요하다.

직사광선은 가려지지만 외부로의 조망은 가능하다. 〉 그림 28-30 참고

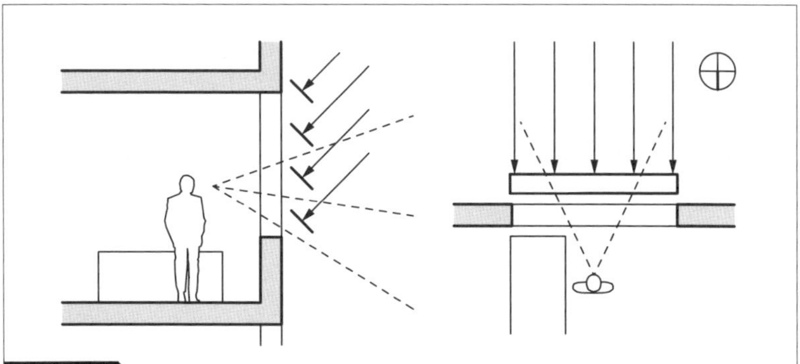

그림 28:
수평 블라인드 빛 가리개 (수평, 남향)

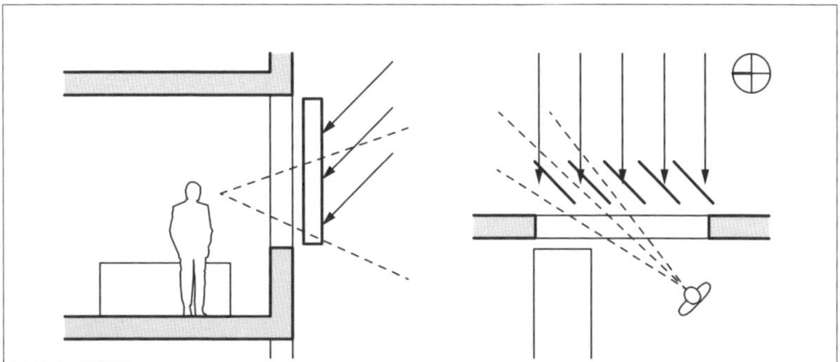

그림 29:
수직 블라인드 빛 가리개 (수직, 동/서향)

그림 30:
경량 금속 블라인드

2. 개구부의 구성

2.1 구성 요소

상인방
Lintel

벽체상의 개구부에서 가장 중요한 구성요소는 상인방이다. 상인방은 개구부의 폭을 결정하고, 개구부의 측면에 위치한 내력벽으로 상부의 하중을 전달시킨다. 가장 단순한 상인방은 휨하중을 지탱하는 목재, 철근 콘크리트, 혹은 강재로 된 보의 형태를 하고 있다. 개구부의 크기는 그 보의 재료적 성질과 최대 허용변형한계에 의해 제한된다. 전통적으로 조적조의 건물의 경우 아치처럼 압축력으로 구성된 상인방 구축법이 상용되었다. 아치구조의 지지점은 수직 하중은 물론 수평 하중까지도 흡수해야만 한다.

철근콘크리트 인방은 천정과 함께 연계되어 현장에서 타설될 수도 있고 프리패브리케이션을 통해 따로 제공될 수도 있다. 프리패브리케션에 의한 인방의 종류는 철근콘크리트 피복 철골, 보강 벽돌, 혹은 콘크리트 셸로부터 U모양 셸의 프리패브 인방, 롤러 블라인드 인방까지 다양하게 존재한다.

빛 조절 시스템
Sunshading systems

특수한 외벽개념을 표현하거나 특정 방향을 취하는 건물의 경우, 롤러 블라인드나 커튼 같은 빛 조절 장치를 인방이나 외벽에 직접 붙이는 경우도 있다. 상인방에 이러한 장치들을 통합시킴으로써 외피의 형태와 외벽의 보호 기능에도 영향을 미칠 수 있다.

개구부는 상인방 없이 천정면과 맞닿게 설치될 수도 있다. 이렇게 하면 실내 공간이 훨씬 여유 있어 보이고 자연광의 유입에도 유리하다. 필요할 경우에는 천정 슬래브의 모서리 부분이 개구부의 상부에 걸쳐지도록 보강될 수도 있다.

난간부
Window breast

개구부의 하부는 난간의 형태를 갖출 수 있다. 조적조로 되어있거나 창에 고정된 부재로 만들어진 난간은 사람이 밖으로 떨어지는 것을 방지할 수 있어야 한다. 외벽에서의 창문의 위치에 따라 수평 실내 마감재나 창턱이 만들어져야 하는데 이것은 특히 외부에서 볼 때 중요한 사항이다.

난간부의 실내 쪽 사이 공간에 종종 라디에타가 설치되는 것을 볼 수 있는

\\ 참고:
정적인 개구부 시스템의 하중 지지방식에 대한 추가 정보는 Alfred Meistermann의 Loadbearing Systems의 기초 참조. Birkhauser Publishers 2007

데 이것은 무엇보다 유리창을 타고 내려오는 한기를 감소시키는 역할을 한다. 별도로 설치되는 라디에타용 오프닝은 외벽의 단면구성과 단열 기능을 떨어뜨리지 않도록 계획되어야 한다.

두 짝으로 열리고 세로로 긴 형태의 프렌치 윈도우에는 원래 난간이 없다. 창의 밑면은 주로 문지방을 달아서 완전하게 밀봉되게 해야 한다. 그리드와 홈통을 이용해서 문지방 없이도 외부 혹은 발코니로의 출입을 가능하게 할 수도 있다. 발코니 혹은 테라스가 지상층으로부터 1미터 이상이면 추락을 방지하기 위한 적절한 장치가 제공되어야 한다.

창문홈
Rebate

창문 프레임과 벽의 표면을 연결시키기 위한 얇은 홈을 창문홈(rebate)이라고 하는데, 다음의 유형이 있다. › 그림 31 참고

(a) 내부 창문홈을 갖는 창 › 그림 33 참고

(b) 창문홈이 없는 창

(c) 외부 창문홈을 갖는 창

창문홈과 상관없이 창호는 여러 가지의 다른 평면상에 위치시킬 수 있다. › 그림 32 참고

(d) 실내 벽 표면에 맞추어 설치

(e) 개구부 측면 벽의 중앙에 설치

(f) 외벽 표면에 맞추어 설치

단열면은 창문 프레임 바로 직전까지 올라와야 한다. 대부분의 개구부에는 측면벽 두 군데와 상인방 한 군데, 총 세 개의 창문홈이 존재한다. 창문설주를 갖는 창문은 주로 개구부 깊이 방향의 중앙에 위치하고 실내 쪽으로 창문홈을 갖는데, 이렇게 하면 외벽과 창문 사이에 창문받이를 형성할 수 있다. 한 편 창문홈이 없는 창은 접합부에 필요한 밀봉, 단열, 고정의 모든 필요조건들을 창문프레임 두께의 전면에 걸쳐 적용시켜야 한다.

\\ 사례:
최대 허용 추락높이

창문이 열려있을 때 사람이 창에서 추락하는 것을 방지하기 위해 벽체로 된 난간부나 고정된 유리부재는 정해진 높이에 설치되어야 한다. 프렌치 윈도우는 열리는 방향에 따라 외부 혹은 내부로 넘어지는 것을 방지하기 위해 난간 형태의 보호 장치가 추가로 제공되어야 한다. 난간부의 높이는 그 건물의 용도에 따라 다르게 정해진다. 벽체로 된 난간부는 12m 추락 높이의 경우 90-110cm, 보다 높은 범위에서는 80-90cm 이상 (지상층 제외)의 난간 높이를 필요로 한다. 별도의 가드레일이 설치되었을 경우 난간부의 높이는 더 낮아질 수 있다.

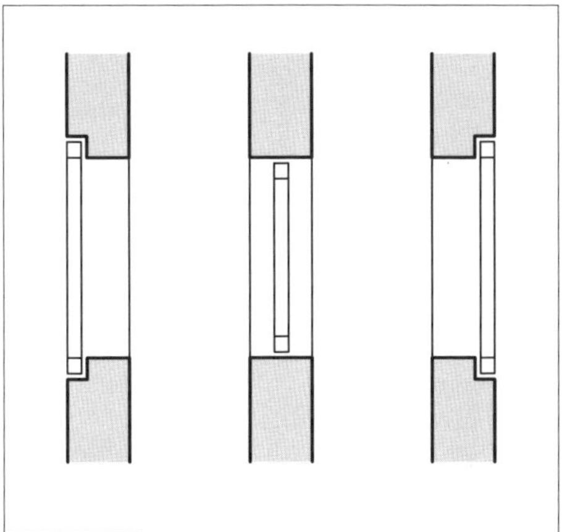

그림 31:
창문받이 홈: 외피와의 접합

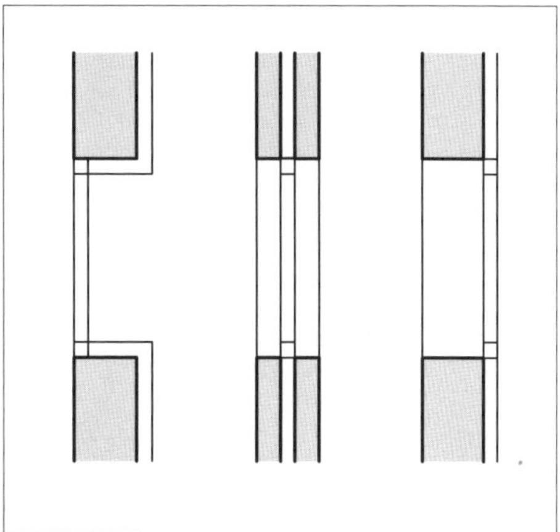

그림 32:
창문을 단열층 안에 위치시키기

외부 창문홈
External rebate

개구부 외부의 창문설주에 창문홈을 만드는 경우는 북유럽 해안가와 같이 전통적으로 폭풍이 자주 부는 지역에서 찾아볼 수 있다. 외기의 풍압이 강하므로 밖으로 열리는 창문을 사용해야만 접합부와 창문홈이 압축력을 받기에 유리하기 때문이다.

오늘날에는 창호철물과 관련된 조건들이 창문홈의 종류를 결정하는 중요한 요인이 된다. 특히 고층 건물의 경우, 외부 창문홈이 있으면 비계 혹은 크레인 등을 통해 창문을 외부에서 부착시키는데 유리하고, 파손시 외부에서 교체하는 것을 가능하게 해준다. 창문이 특별히 무겁거나 크다면 크레인을 통해 올릴 수 있도록 외부를 향한 리베이트를 만드는 것이 합리적이다.

창문이 외벽면과 동일한 면에 설치되어야 한다면 프레임, 유리 및 접합부가 외기에 접하게 되는데, 접합부에 특별한 관심이 요구된다. 건물의 물리적 구성을

\\ 참고:
창문받이란 기하학적 형태로 만들어진 구조체인데, 창문홈 같이 벽체에 덧붙여져서 빗물이 직접 스며들어오는 것을 방지해주는 요소를 말한다.

\\ 중요:
단열층 - 창문홈
창호는 열교현상을 방지하기 위해 파사드 단열층의 내부에 위치시켜야 한다. 창문홈은 또한 창문받이와 겹쳐짐의 원리를 이용해서 침투에 의한 결로를 막아주는 역할을 한다.

그림 33:
내부로 향한 창문홈이 창틀을 가리고 있다

따져보면, 외부에 창문홈을 두어도 창문 표면을 외벽과 일치시키기 위해서는, 이 슬점이 개구부의 바깥으로 밀려나고 열교현상까지 발생시키기 때문에, 쉬운 일이 아니다. 이를 위해서는 개구부의 측벽과 상인방의 실내부분을 전부 단열 처리해야 한다. 하지만 외부 창문홈을 갖는 고정창의 내부에서는, 개구부의 실내 측벽과 유리창이 바로 맞닿게 연결시키는 것이 가능하다.

내부 창문홈
Internal rebate

내부에 창문홈을 갖는 개구부에 설치되는 창은 별 어려움 없이 실내에서 바로 설치될 수 있고 파손시 교체도 용이하다. 창문 프레임은 창문홈에 끼어 맞추어지고 외벽으로부터는 개구부 측벽의 깊이만큼 들어가 있게 된다. 상인방과 측벽에서 보이는 창틀의 두께는 창틀이 벽을 얼마나 덮어씌우는가에 따라 결정되므로 이것을 최소화하면 창문 프레임의 내부에 구획되는 면적만큼 줄일 수 있다. 〉그림 33 참고

실내를 향한 창문홈은 청문 프레임을 덮어씌우기 때문에 창문홈의 접합부가 창문받이의 역할을 하게 되어 훨씬 높은 안전도를 제공한다. 창문은 실내벽체의 표면에 맞게 시공될 수 있다. 외부 표면과 맞추는 경우와 마찬가지로, 위치 때문에 발생하는 열교현상에 대비하여 실내벽과 개구부의 측벽에 대한 단열이 제공되어야 한다.

창문홈이 없는 경우
Without rebate

개구부에 창문홈이 설치되지 않는다면 우선 외벽의 시공을 단순화시키는 효과가 있다. 그러나 창문의 접합부에 방풍과 방습은 물론 열교현상의 방지에 대한 처리가 접합부에서 모두 이루어져야 하는데, 창문홈을 이용한 접합방식과는

달리 이것을 실행할 수 있는 공간이 창틀의 두께만큼 밖에는 없다는 부담이 있다.

창문이 고정되는 위치가 단열면의 안쪽에서 이루어지거나 개구부 측면에서의 단열면이 창틀까지 이어져 있는 한, 개구부의 벽두께 안에서 창문의 위치는 자유롭다. (외벽면과 일치, 내벽변과 일치, 혹은 중앙에 위치) 실내 혹은 실외에서 창문 프레임의 두께는 완전히 다 보이게 되고, 창문 하부는 접합부를 구성하는데 필요한 기능적, 형태적 조건을 충족시키기 위하여 주로 창문홈으로 처리된다.

창문 때문에 더해지는 하중은 내력벽에 의해 하부로 전달된다. 빗물은 창문의 하부에 위치한 창턱을 통해 바깥쪽으로 튕겨나갈 수 있어야 한다. 특히 복층 유리창의 경우 외벽의 단면이 습기의 침투로부터 보호받아야 한다. 건물의 반대편을 통해 맞바람이 들어오는 통풍 방식이 적용되는 경우 창틀의 하부에 환기창이 성치되어야 한다. 〉p. 71 그림 57 참고

실내에서 창의 난간부와 프렌치 윈도우의 바닥 접합부는 창틀의 하부와 결합되어야 한다. 또한 프렌치 윈도우는 평지붕의 요구 사항에 맞도록 창문의 하부에 방수처리가 되어있어야 한다.

2.2 기본 시공법

건물 외피 혹은 파사드의 수직부분에 위치한 개구부는 주로 문이나 창문으로 채워진다. 이를 통해 외벽이 제공하는 보호 기능과 개구부의 채광 및 환기의 기능이 결합된다. 유형별로 분류되고 제작 과정을 통해 표준화된 창문 프레임들이 각기 다른 벽체 시공에 적용된다.

\\ 참고:
프렌치 윈도우
한 예로, 배수관이 막히거나 빗물이 얼어버리는 등의 기후 상황에서, 프렌치 윈도우의 문지방 위로 수분이 침투하는 것을 방지하기 위해 방수층은 지상층 혹은 자갈다짐층보다 15cm 상부에 부착되어야 한다. 지역적 기후 상황이 양호해서 항상 배수가 원활하게 된다는 전제에서는, 배수 홈통을 개구부의 바깥쪽에 설치함으로써 그 부착 높이를 줄일 수도 있다. 그러나 그 상황에서도 최소 부착 높이인 5cm는 지켜져야 한다.

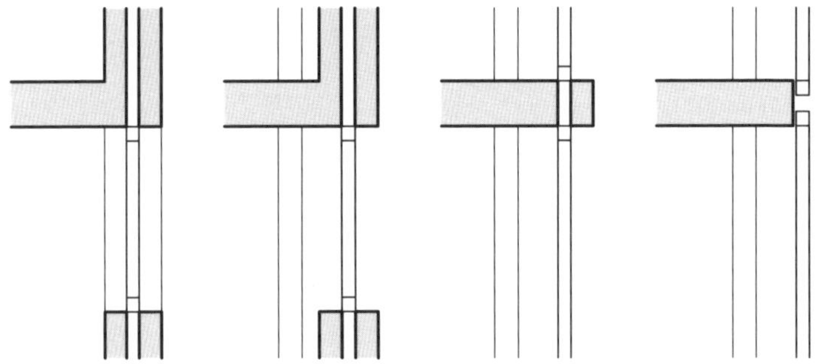

그림 34:
일반 창호에서 커튼월 파사드로

보통 창문
Normal windows

보통 창문에서 각 창틀과 외벽 단면의 사이 공간은, 상부는 상인방, 측면은 창문설주, 하부는 난간부를 통해 마감된다. 각각의 창문은 서로 계속 연결되어 띠창을 형성할 수도 있다. 이런 경우 각 창문의 측면은 창문 프레임이 드러나게 되고, 상부와 하부는 보통 창문의 방식으로 마감된다.

커튼월 파사드
Curtain wall facades

커튼월이나 윈도우월 파사드의 경우, 창문 모듈의 접합이 상부와 하부에서 연결되어야 한다. 이것은 보다 크고 상이한 파사드 유닛의 사용을 유도하게 된다. 다양한 창 유닛을 사용한 창문은 수직 부재와 수평 부재들의 평면 구성적인 표현 방식으로 구획되었다.

개구부의 크기
Aperture size

개구부의 크기는 파사드의 재료적 성질과 시공 방법에 의해 직접적인 영향을 받는다. 벽체의 구성과 시공법은 각각 서로를 결정하는 상관관계가 있다. 세로로 가늘고 긴 개구부는 조적조 벽체에 적합하다. 넓은 개구부를 형상화시키려면 상인방이 두꺼워지고 개구부의 측벽도 보강을 필요로 한다. 현장타설 콘크리트조 벽체의 경우 눈에는 보이지 않는 철근 보강에 의해 구조체의 강도를 증가시킬 수도 있다. 즉, 이것에 맞추어 개구부의 크기가 커질 수도 있다는 것을 의미한다. 철골조로 시공되는 경우에는 정역학에 의해 규정 가능한 기둥과 보 사이의 최대 치수까지 (즉, 단면상의 벽면과 천정면까지) 개구부의 영역을 확장시켜 채우는 것이 가능하다. 〉 그림 36 참고

장스팬의 길이를 조정해야 하거나 창문의 높이가 문제가 되는 경우, 넓은 창문은 여러 개의 작은 스트립 섹션들로 대체될 수 있다. 이런 경우 각 창문들은

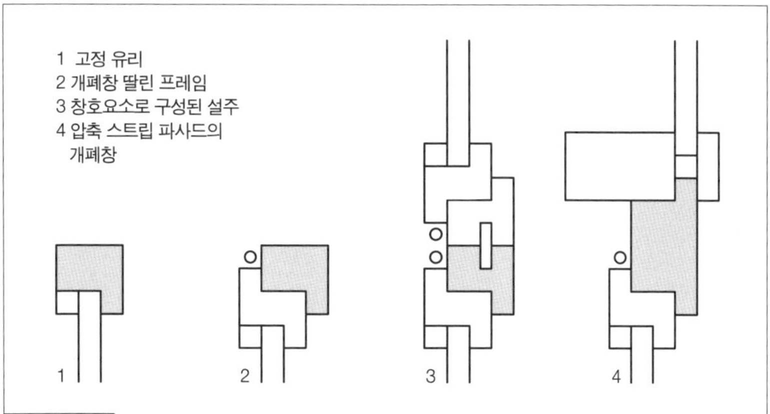

그림 35:
창호의 압축 스트립 단면

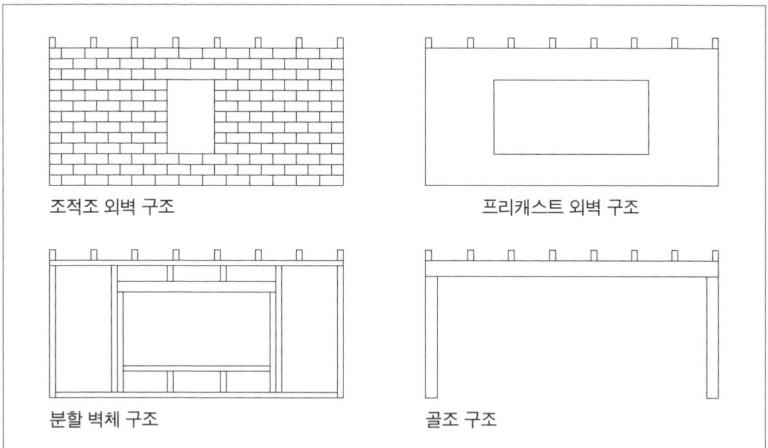

그림 36:
개구부의 크기와 내력벽체

각각의 프레임에 맞게 시공되어야 한다. 대부분의 창호 제조업체들은 여러 가지 재료와 다양한 범위의 치수를 제공하고 있고, 일부는 표준화된 창문 유닛과 연결 부품을 제공하고 있다.

벽과의 결합
Connection to wall

창문이 벽과 결합하는 방식에 따라 창문의 상부, 측면, 하부에는 각각 다른 접근 방법이 요구된다. 접합면적은 주로 난간부에 가장 많이 집중되어 있고, 상인

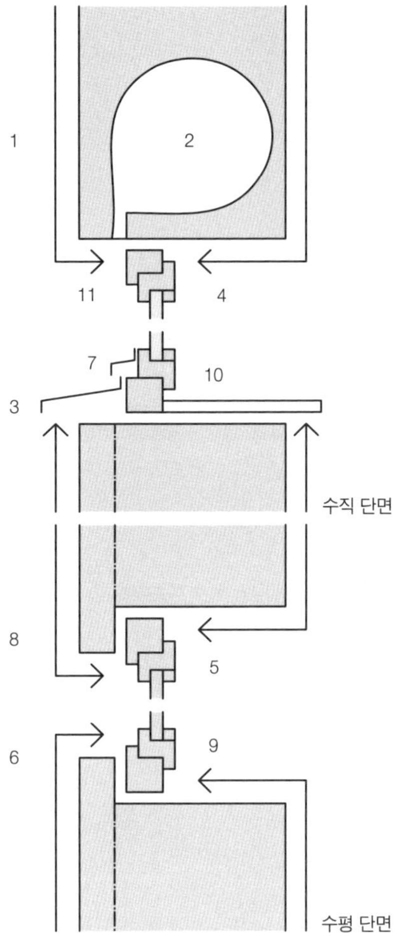

그림 37:
창문 부위에 대한 구조적 접근 (표 1 참조)

방에는 롤러 블라인드 등 채광시 보호 장치를 설치해야 하는 필요성 때문에 명확한 형태의 적용이 어렵다. 〉 그림 37, 표 1 참고

창문 접합의 시공 단계에서 직접하중의 분산, 단열면의 연속성, 적절한 시공오차의 허용, 상이한 구조요소 사이의 밀봉, 창문받이 및 덮어씌움의 효과 등 일반적으로 알려진 구축원리가 구체적이고 특화된 방법으로 다루어진다.

표 1
개구부 계획 원리 (그림 37 참조)

		측면	상부	하부
1	인방, 개구부를 통한 하중 분산		x	
2	조절장치의 통합	x	x	(x)
3	외부 빗물받이		x	x
4	하용오차, 벽과 프레임 사이 접합부	x	x	x
5	창호의 교정	x	(x)	
6	외피재료를 창호에 접합	x	(x)	(x)
7	우수 방지 접합부	x		x
8	창문홈	(x)	(x)	
9	내장재를 창호에 접합	(x)	(x)	
10	개구부 측면에서 재료 변환	(x)	(x)	x
11	개구부 측면에 단열처리	(x)	(x)	(x)

x 적용
(x) 불가능

3. 창호의 구성요소

3.1 개구부의 유형

개폐 가능한 창문은 여러 가지 다른 방식으로 작동된다. 〉 프레임 절, 그림 38-40 참고

틸트 방식과 틸트-턴 방식의 창문
Turn, tilt, tilt-turn window

여닫이창은 수직축을 중심으로 안쪽이나 바깥쪽으로 작동되고, 틸트-턴 방식의 창호는 하부의 수평축을 중심으로 안쪽으로 젖혀질 수 있다. 작동의 편리성을 위해 틸트 방식과 틸트-턴 방식의 창문들은 주로 안쪽으로 열리게 되어있다. 한 가지 특이한 변형은 틸트-폴드 식 창문인데, 이것은 안쪽 혹은 바깥쪽으로도 열릴 수 있다. 〉 그림 41 참고 창문 경첩이 설치되는 위치를 왼쪽과 오른쪽 중에서 결정하는 것도 중요하다.

상부 수평 경첩 덧창
Top-hung or flap window

덧창은 바깥쪽으로 열린다. 덧창이 열려있을 때 비가 들이치는 것을 막아주기 위해 회전축은 주로 상부에 수평축으로 설치되어있다. 〉 그림 42 참고

창문과 창틀을 열고 닫기 위한 창문홈은 작동의 방향을 고려해 개구부의 외부에 한 단 들여져 있다. 〉 그림 43 참고 창틀과 개폐창 사이의 상부 접합부는 비가 세게 들이칠 때 취약한 부분이다. 여기에는 주로 빗물 유입 방지 스트립이 설치되어 빗물이 파사드를 따라 흘러내리지 않고 바로 튕겨나갈 수 있도록 고안되어 있다.

미닫이 창/ 리프트-슬라이드 방식
Sliding, lift-and-slide windows

수평 미닫이창은 옆으로 밀어 개폐하는데, 보다 강한 기밀성의 밀봉효과를 위해 대개는 고정프레임의 안쪽으로 열리게 되어있다. 리프트-슬라이드 방식(lift-and-slide)의 미닫이창은 작동을 보다 편리하게 하기 위해 슬라이딩 동작 직전에 살짝 위로 들어 올려진다.

수직 방향으로 열리는 슬라이딩 창호는 두 장의 창으로 되어 있을 경우 주로 위로 올려서 열지만, 난간이 없는 큰 수직창의 경우 아래로 내려 열리게 되어있다. 〉 그림 43 참고 이 때 열리는 부분은 바닥면 아래의 지하층 속으로 들어가게 하여 지상 층에서는 출입과 통행이 가능하도록 계획될 수도 있다.

\\ 참고:
창문이 열리는 방식은 축척 1:15의 평면도에 나타나야 한다: 회전 방향은 밖으로 열리는 경우 실선으로, 안으로 열리는 경우 점선으로, 미닫이문의 경우는 열리는 방향으로의 화살표로 나타나야 한다. 평면도에서 개구부의 치수를 표기할 때는 개구부의 가로폭 뿐 아니라 높이도 함께 표기되어야 한다. 폭은 치수선의 위에, 높이는 치수선의 아래에 표기된다.

평면도의 표현방법은 Bert Bielefeld와 Isabella Skiba저 Technical Drawing의 기초에서 추가 정보를 읽을 수 있다. Birkhauser Publishers, 2007.

실시도면에서 창문을 표시할 때 바닥에서 상인방까지의 높이는 치수선의 아래에 표시한다.

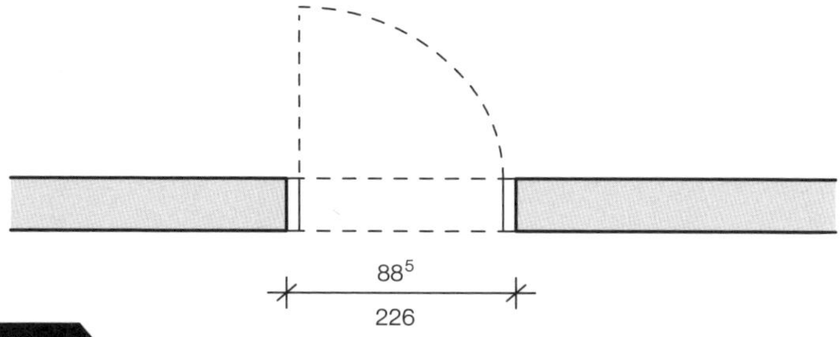

그림 38:
실시도면상의 창문 치수 기입법

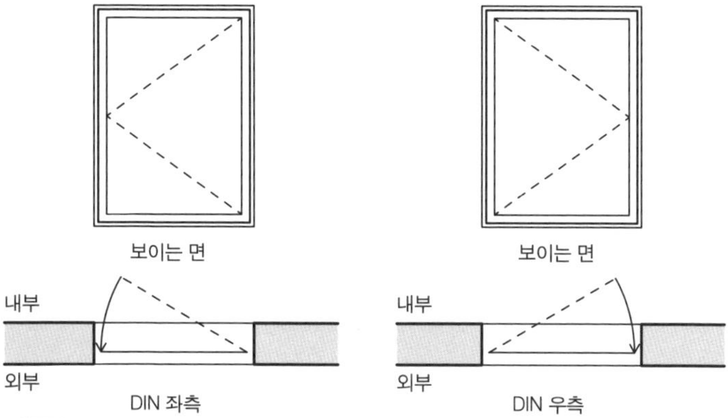

그림 39:
창문 닫힘 방향

\\ 참고:

DIN EN 12519에 따른 창문의 닫힘 방향:

"왼쪽" 창호는 조망하는 쪽에서 봤을 때 경첩부를 왼쪽에 두었을 때 반시계 방향으로 회전하면서 닫힌다.

"오른쪽" 창호는 조망하는 쪽에서 봤을 때 경첩부를 오른쪽에 두었을 때 시계 방향으로 회전하면서 닫힌다.

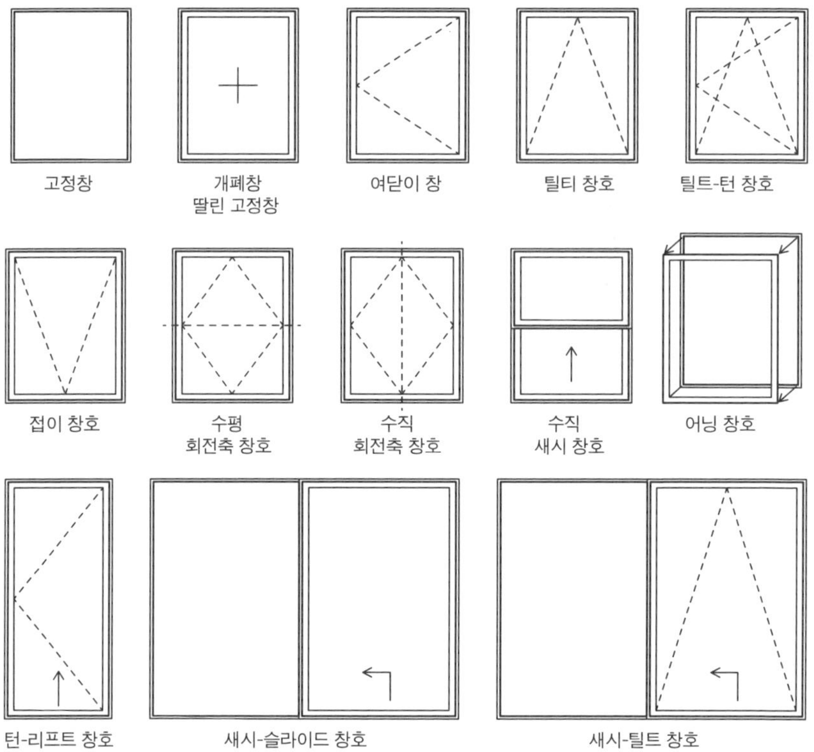

그림 40:
실시 도면상의 개구부 종류 표시법

그림 41:
폴드-턴 방식 (금속)

그림 42:
젖힘 창호 (알루미늄)

그림 43:
수직 새시 창호 (목재)

리프트-슬라이드-틸트 방식
Lift-slide-tilt windows

리프트-슬라이드-틸트 방식 창문 또한 수평축을 중심으로 안쪽으로 젖혀질 수 있는데, 여기에 필요한 창호철물의 종류와 양이 상당히 증가하게 되어 그것을 수용하기 위한 공간 손실이 많다.

중심축 수평 회전창
Horizontal pivoted window

수평 회전창은 개폐창의 한가운데에 위치한 회전축을 중심으로 수평방향의 회전이 일어난다. 즉, 창문의 바깥면이 실내로 회전되어 들어올 수 있어 유리창의 청소를 비롯한 여러 가지 편리성이 있다. 회전축이 중심에 있다는 것은 창틀의 윤곽과 그것이 맞닿는 창문홈 사이에 간격이 이격되어 있다는 것을 의미한다. 항상 개구부 면적의 절반만큼만 이용이 가능하기 때문에, 창문을 탈출의 용도로 계획해야 할 때는 이 사실을 염두에 두어야 한다. 이러한 유형의 창문은 50년대와 60년대에 많이 사용되었으나 회전축 주변을 밀봉하는 기술적 문제 때문에 요즘은 거의 사용되지 않는다.

중심축 수직회전창
Vertical pivoted window

수직회전창은 위의 예와 같은 원리가 적용되고 같은 문제점들을 유발시켰다. 창문은 중심 회전축을 중심으로 수직 방향으로 회전한다.

가느다란 창살로 된 창문
Slatted window

가느다란 창살들로 이루어진 창호는 고정되어 있거나 수직 혹은 수평으로 회전이 가능한 여러 개의 작은 블라인드 창살들로 이루어져 있다. 각각의 창살이 개별적인 프레임으로 구획되어 있었다면 각 프레임은 전체 유리창 표면에 비해 높은 면적비를 갖게 되었을 것이다. 각각의 창살은 최소 200×100mm에서 최대 2000×400mm 의 범위에 들어온다. 각 유닛의 크기는 300×150mm 로부터 최대 2000×3000mm 까지의 범위 안에 있다.

차양 달린 창문
Awning window

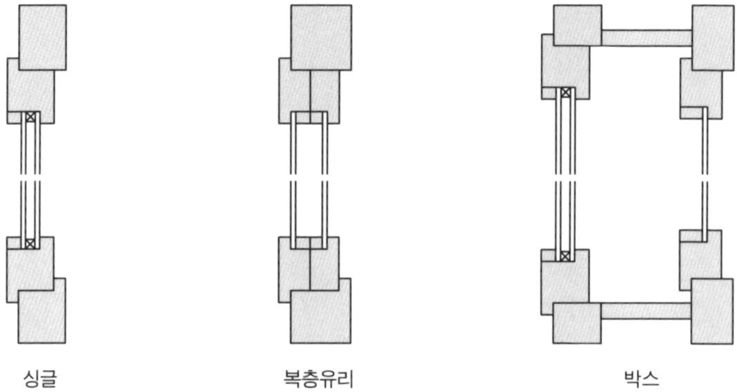

그림 44:
창호 시공 유형

차양이 달린 창문은 가위 형태의 보철 장치에 의해 파사드의 전면부로 밀어 내어짐으로써 최적의 환기 조건을 가져온다. 즉, 차가운 공기가 아래로부터 밀려 들어오고 따뜻한 공기가 상부로 빠져나갈 수 있게 해준다. 창문의 측면 중 어느 쪽에도 프레임을 받쳐주는 요소가 없기 때문에, 상하로부터 밀어내는 보철 장치는 균일한 강도의 힘으로 작동되어야 한다.

3.2 구축 방법의 유형 〉그림 44 참고

싱글 창호
Single windows

단열유리의 열차단 기능이 좋아진 요즘은 싱글 창호를 표준으로 받아들인다. 단열유리를 사용하는 창문의 Uw 값은 3.0W/m²K 정도이고, 여기에 단열층과 프레임까지 포함시키면 1.3W/m²K 이다.

복층 창호
Double-glazed windows

단열유리가 개발되기 전까지 유리창은 대개 싱글 유리를 사용했다. (대략 4.8W/m²K의 Uw 값) 복층 창호를 사용하면 단열과 방음의 효과가 있다는 결과가 증명되면서 두 장의 싱글 창호가 함께 열리는 방식으로 결합되었다. 각각의 창문

\\ 참고:
열전도 계수
창호 구조의 단열 성능은 총체적인 시스템으로 평가되어야 한다. 창호에는 Uw값이 주어지는데 (과거 K값) 이 값은 구조체 전체의 에너지 효율성을 명시한다. Uw 값이 쌀수록 창문표면으로부터의 열손실이 적다. Uw 값은 유리의 Ug 값, 프레임의 Uf 값, 그리고 유리 모서리 단면의 선형 열전도 계수(psi 값) 등 몇 개의 독립적인 단열 지표로 구성되어 있는데 면적비를 고려하여 계산된다.

그림 45:
박스 창호 (스틸)

이 40에서 70mm 정도 떨어져 있을 때 단열유리를 사용한 싱글 창호보다 단열효과가 아주 조금 나아진다. (대략 3W/m²K의 Uw 값) 각각의 섹션은 청소를 위해 열릴 수 있다. 복층 창호는 대개 틸트-턴 방식이나 틸트 방식으로 제공된다.

박스 창호
Box windows

오래된 건물에서는 아직도 두 장의 싱글 창호가 접착된 형태의 복층 창호를 볼 수 있다. 이 간격은 현대의 복층 창호에서 보다 훨씬 멀리 떨어져 있고 구조적으로도 분리되어 있다. 요즘 사용되는 복층창호의 내부 쪽은 주로 단열 유리로 이루어져 있다. 유리 사이의 공간은 단열과 방음 효과를 높여주는 효과가 있다. 이처럼 앞뒤로 놓인 별개의 두 창문을 연속된 목재프레임으로 연결시킨 제품을 박스 창호라고 한다. 대개 양 쪽의 창문 모두 여닫이 방식으로 개폐된다. 〉 그림 45 참고

때로는 박스 창호가 19세기식 창문 유형처럼 몇 개의 창살로 나뉘는 경우도 있다. 박스 창호 프레임의 비율과 창살 두께, 그리고 이격된 거리는 때로는 자연채광을 약화시키는 효과가 있다는 것을 의미한다. 박스 창호는 오늘날 사용되는 다중 유리 시스템의 선두주자이다. 그러나 이것을 만드는 과정이 복잡하고 제작비용이 높기 때문에 방음의 기준이 높게 적용되는 곳이나 중요한 건물을 재생하는 경우에만 사용된다.

무프레임 창문
Frameless window

현대에 사용되는 창문에서 단열로 취약한 부분은 유리표면이 아니라 오히려 프레임이라고 할 수 있다. 이러한 문제를 최적화시킬 수 있는 가능성은 프레임의 비율을 감소시키는 것에서 찾을 수 있다. 무프레임 창문의 주요 특징은 유리표면에서 프레임이나 고정 장치를 찾아볼 수 없다는 점이다. 유리면은 계단식으로

배열된다. 즉, 바깥쪽 유리창의 끝부분이 안쪽 유리창의 모서리 위로 겹쳐지며 그 것을 지지하고 있는 프레임에 접착된다. 접착제는 외부 유리면 뒤쪽에 검은 색 테두리로 나타난다. 무프레임 창문은 거의 모든 개폐방식으로 제공될 수 있다. 그러나 접착에 의한 접합부는 겹쳐지는 방식의 결합에 비해 훨씬 섬세하기 때문에 많은 주의와 관리가 필요하다.

그림 46:
창호의 구성요소

3.3 프레임

고정 프레임
Fixed frame

고정 프레임 유형은 외벽 구조체에 장착된 프레임 안에 개폐가 가능한 별도의 프레임이 추가로 부착되거나 고정유리가 끼워지는 형식이다. 〉 그림 46 참고

(1a) 고정 프레임의 상부(인방부)를 구성하는 목재 부재

(1b) 고정 프레임의 하부(문지방)

(1c) 고정 프레임의 측면부(창문설주)

(2) 고정 프레임을 세로로 나누는 창문 기둥 (그림 46에서는 표현 안 됨)

(3) 고정 프레임을 가로로 나누는 중인방

고정 프레임을 개구부에 장착시킬 때는 건물과 프레임에서 일어나는 미세한 움직임과 압력을 완충시킬 수 있는 적절한 허용 간격이 만들어져야 한다. 또한 프레임과 건물 사이의 접합부는 약간 탄성이 있거나 밀려 움직일 수 있도록 계획되어야 한다. 〉 구조와의 결합 장, 밀봉 절 참고

케이스멘트 프레임
Casement frame

케이스멘트 프레임이란 고정 프레임에 부착되어 있으면서 개폐가 가능하도록 하는 프레임이다. 〉 그림 46 참고

(4) 케이스멘트 프레임

(4a) 케이스멘트 프레임의 상부 목재 부재

(4b) 케이스멘트 프레임의 하부 목재 부재 (외기 유입방지 부재)

(4c) 케이스멘트 프레임의 수직 목재 부재

(5) 케이스멘트 프레임을 가로로 나누는 부재

(6) 유리창

프렌치 케이스멘트
French casement

두 개의 개폐창을 갖는 창문은 창문 프레임에 고정된 한 요소인 중앙 포스트에 의해 나뉠 수 있다. 또 한 가지 대안은 열리는 쪽에 덧댄 마중선(astragal)이라는 수직 부재로 접합부를 가려주는 방식을 사용할 수 있다. 이러한 방식을 사용한 창호를 프렌치 케이스멘트라고 부른다.

\\ 중요:
도면상의 치수, 크기, 형태, 건물 구조에서의 위치로부터의 편차는 허용 가능한 시공오차에 의해 규정된다. "허용오차"는 이론상의 공식 치수로부터의 의도된 편차까지도 포함한다. 이것이 있어야 재료와 제조사별로 내재된 부정확성을 보완해줄 수 있다.

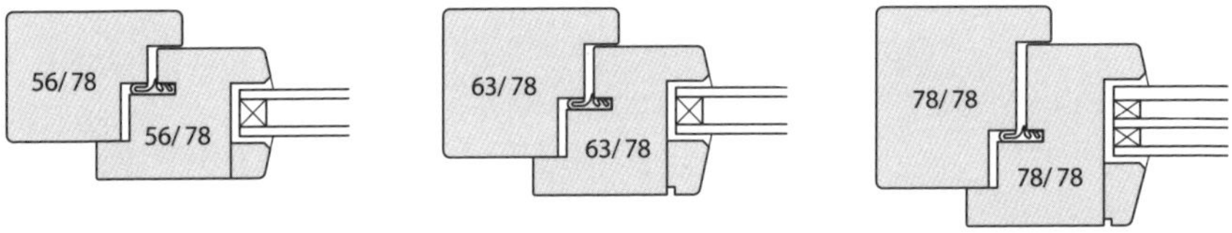

그림 47:
일반 창호와 프렌치 윈도우의 목재 단면 프로필

3.4 재료 - 시스템 창호

(1) 목재 창호

목재창호의 가장 확연한 장점이라면 다루기 쉽고 지속가능한 재료라는 점과 그 뛰어난 단열 성능을 들 수 있다. (가문비나무의 상대적 열전도율: λ =0.11 W/mK; 알루미늄 합금의 경우: λ =209 W/mK) 또한, 정밀하고 비싼 제조과정을 도입할 필요가 없고, 열의 전도를 막기 위한 복잡한 프레임 단면을 사용할 필요가 없다는 점을 장점으로 들 수 있다.

창호 제작에는 미송, 전나무, 가문비나무, 소나무 같은 침엽수가 주로 쓰이고 참나무 같은 활엽수종은 잘 쓰이지 않는다. 우림기후에서 자라는 메란티, 마호가니, 캄발라 등의 활엽수종의 사용은 점차 줄어드는 추세이다. 프레임의 표면은 자외선, 자연건조, 빗물 등의 영향을 지속적으로 받고 있다. 목재가 머금을 수 있는 수분의 양은 계속 변하기 때문에 (25-50%) 곰팡이나 벌레에 의한 파손의 가능성을 증가시키게 된다. 따라서 창호에 사용되는 목재는 어느 정도의 경도가 있고 수분을 품는 정도가 낮고, 자연 풍화에 대한 저항이 높은 종을 사용해야 한다. › 그림 49 참고

원목 창호는 표면처리를 통해 보호기능을 더할 수 있다. 나무에 깊숙이 배어들도록 초벌처리를 하면 변색을 유발시키는 곰팡이와 습기에 의한 부패를 방지할 수 있다. 광택제의 사용과 페인트에 의해 보호막이 형성되는 방식은 구분되어야 할 필요가 있다. 여기서 알아두어야 할 사항은: 어두운 색을 칠할수록 목재에 가해지는 복사열은 증가한다. 또한, 둥글거나 모서리가 따진 프레임일수록 페인트면이 목재 프레임과 더 잘 결속되는 속성이 있다.

목재 창호를 제작할 때 가장 중요한 것은, 나무로 된 구조체를 보호하는 것이다. 물이 고이지 않도록 계획되어야하며 빗물이 목재의 표면을 타고 바로 흘러내려갈 수 있도록, 즉 수평 표면이 없도록 계획되어야 한다.

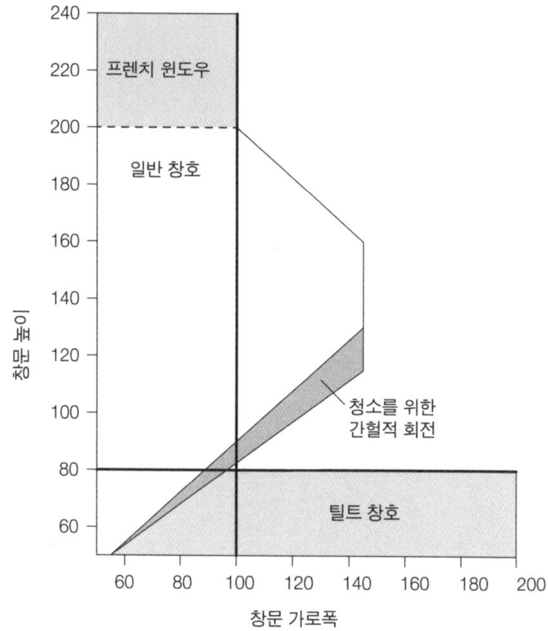

그림 48:
56/78mm그룹 개폐창의 최대 허용 치수

창틀 단면의 규격
Profiles

목재 창틀은 다양한 기준과 크기에 맞춘 표준 규격으로 제공된다. › 그림 47 참고. 단순 제원은 창틀 단면의 두께와 길이가 밀리미터 단위로 표시 되어있다. 원목으로 된 창문 프레임의 경우 1W/(m²K)의 Uf 값이 주어진다. (3중 접착 원목 프레임의 경우)

요소별 크기
Element sizes

창틀단면의 규격은 창문 한 짝의 최대크기에 영향을 주는 데, 이 두 가지는 결국 개폐 방식의 성격과 관련이 있다. 틸트 방식 창호 한 짝을 예로 보면 56/78mm의 단면 규격의 경우 최대 높이가 80cm를 넘지 못한다. 프렌치 윈도우의 문 한 짝은 경첩에 걸리는 고정하중 때문에 폭이 1m를 넘지 못한다. › 그림48 참고

(2) 금속 창호

금속은 뛰어난 열전도체이다. 스틸은 나무보다 250배의 열전도율을 갖고, 알루미늄은 스틸보다도 4배의 열전도율을 갖는다. 따라서 금속재 창호의 창틀단면은 창호 제작과정에서 단열면으로 분리되어 있어야 한다.

시중에는 다양한 범위의 알루미늄 창호와 스틸 창호가 시판되고 있다. 창틀

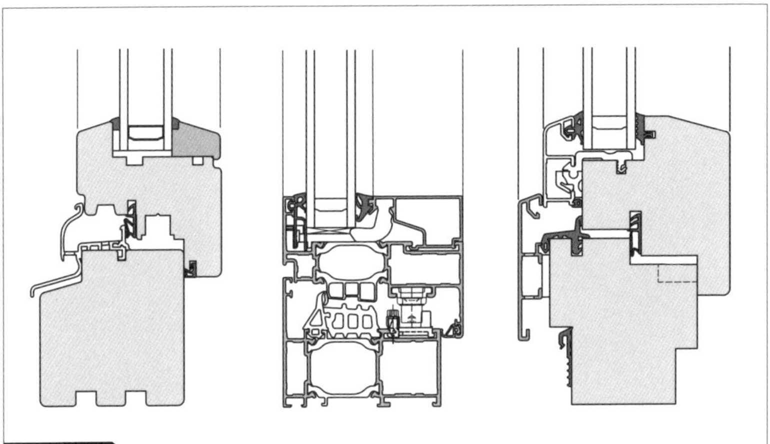

그림 49:
목재 창호(좌); 목재-알루미늄 혼합 창호 (중); 알루미늄 창호(우)

의 단면에는 상당히 큰 범위의 차이점이 존재한다. 목재창호와는 달리 금속창호에서 어떤 통일된 표준 창호 단면의 규격이란 것은 존재하지 않는다.

알루미늄 창호
Aluminum window

열전도로부터 분리되도록 고안된 알루미늄 창호는 마감되지 않은 압출 성형 부재로 만들어진다. 내부 단면과 외부단면은 플라스틱 패드나 단열재를 사이에 두고 나뉘어져 있다. 알루미늄 창호는 높은 초기투자 비용에도 불구하고(원재료를 가공하는데 쓰이는 초기 투입 에너지의 양 때문에) 같은 크기의 목재 혹은 플라스틱 창호보다 훨씬 경제적인 것으로 알려져 있다. 알루미늄은 수명이 길고 특히 유지 관리에 용이하다. 알루미늄 창호는 또한 단면 제작의 오차가 적어서 매우 정확한 치수로 제작되고, 작업이 쉬우며, 무게 또한 매우 가볍다는 장점이 있다. › 그림49 참고

알루미늄 창호가 건물과 맞닿는 접합부에서는 목재나 스틸 창호의 경우보다 훨씬 더 큰 온도에 의한 길이변화를 수용할 수 있어야 한다. (알루미늄은 절대 온도 60K 차이마다 1.5mm의 길이 변화가 따른다) 고정 프레임과 건물 사이, 큰 창호와 파사드 부재들 사이에 적절한 치수의 확장 조인트를 계획하여야 한다.

코팅처리 되지 않은 알루미늄은 불규칙한 산화작용과 변색이 일어날 수 있으므로 코팅을 하는 것을 원칙으로 한다. 표면 처리의 방법은 연마, 브러싱, 광택처리 등의 기계적 방식과 균일한 두께의 산화물을 입히는 양극산화처리(anodizing: 애노다이징)의 전기적 방식으로 나눌 수 있다. 알루미늄 창틀단면은 에나멜 혹은 파우더코팅으로 마감될 수 있다. 파우더코팅은 파우더건을 통해 코팅재를 바르고 180℃ 정도의 온도 오븐에서 구워내는 것이다.

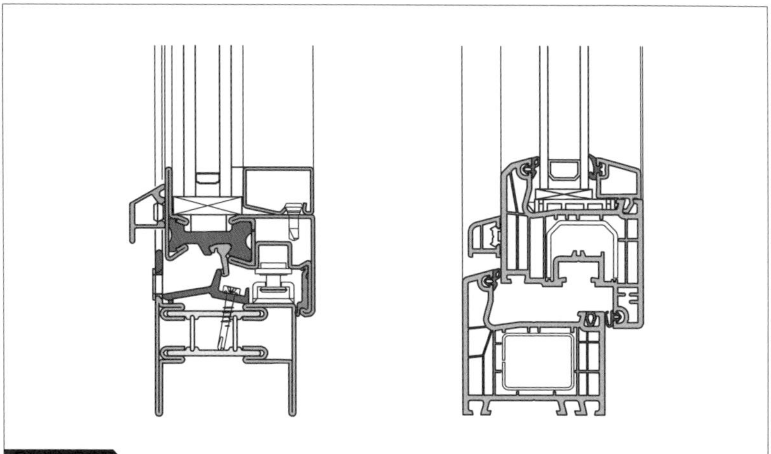

그림 50:
스틸 창호 (좌); 플라스틱 창호 (우)

이중 유리창: 원목-알루미늄
Double-glazed windows (timberaluminum)

원목과 알루미늄을 사용한 이중 유리창호는 두 재료의 장점을 효과적으로 접목시켜 놓았다. 열전도율이 낮은 목재 프레임은 내부에서 하중의 지지를 담당하고 기후변화에 저항이 강한 알루미늄을 외부에 보호막으로 두는 방식이다.

목재와 알루미늄의 각각 다른 열확장도를 반영하기 위해 접합부에는 슬라이딩 조인트를 사용하여야 하고, 그 접합부에서는 절대 결로가 일어나지 않도록 해야 한다.

원목-알루미늄 창호의 제작에는 다양한 제작공법이 간혹 사용될 수 있다. 목재 창호가 설치된 직후에 알루미늄 외장재가 설치될 수도 있다. 간혹 알루미늄 창호가 바깥쪽 창문홈의 유리면을 형성하며 창문홈 접합부와 통합될 수도 있다. 이러한 시스템은 1.3-1.5 W/m²K의 Uf 값을 얻을 수 있다. 복층의 켜로 제작된 목재프레임과 폴리우레탄 폼 같이 효율적인 단열층의 중심은 0.5-0.8 W/m²K의 Uf 값을 얻을 수 있다.

스틸 창호 프레임은 고온의 열간압연방식으로 제조된 T자 L자 혹은 특수형태의 형강들을 단순하게 조합해서 만들어질 수 있다. 요즘은 고품질의 스틸을 이용하여 저온에서 냉간압연 방식으로 제조된 속이 빈 관재가 가장 많이 이용된다. 스틸 창호는 휨과 뒤틀림에 가장 강하기 때문에 알루미늄 창호보다 강도가 높다. 스틸 프레임들 또한 열전도를 막는 창틀 단면으로 만들어진다. 〉그림 50 참고

스틸 창호
Steel windows

스틸 창호의 가장 큰 단점이라면 산화작용으로부터의 위험인데, 이것은 방청도료의 사용, 아연도금(galvanization), 혹은 스테인리스 스틸의 사용으로 해결될 수

있다. 스틸 창호도 에나멜 혹은 파우더코팅으로 마감될 수 있다.

(3) 플라스틱 창호 (PVC, GRP)

PVC 창틀단면
PVC profiles

압출 성형된 강성 PVC(폴리염화비닐) 관재로 이루어진 창틀단면은 단일구획 단면 혹은 복수구획 단면으로 제공된다. 복수구획 단면 시스템이 보다 높은 단열 기능을 갖는다. 프레임을 만들기 위해서는 미리 준비되어진 압출성형 부재들의 각을 따서 이어 맞춘 후에 주로 용접처리 된다. PVC의 창틀단면은 낮은 열전도율을 갖지만 강도 또한 낮으므로 구획된 단면의 내부에 금속재를 설치하여 안정성을 높인다. 금속 부분이 전체 창틀단면의 한가운데에 고립되어 있기 때문에 별도의 단열면 분리장치를 필요로 하지 않는다. 〉그림 50 참고

결로 배수와 습기 보완 장치는 구획된 단면 구획의 전면부에 있는 작은 구멍의 형태로 표현된다. 대부분의 PVC창호는 흰색으로 되어있다. 플라스틱 창호 부재에 코팅되거나 색조가 첨가될 수는 있으나 페인트 도장은 불가능하다.

특히 어두운 색조의 경우 태양복사열에 의해 따뜻해지면 PVC의 높은 열확장계수 때문에 길이 방향으로 확장될 수 있다. 햇빛은 또한 색조를 변화시킬 수도 있다.

GRP 창틀단면
GRP profiles

창호 프레임을 통한 열손실을 최소화시키려면, 즉 창호의 Uw 값을 향상시키려면 GRP (glass-fiber reinforced plastics: 유리섬유 강화 플라스틱)를 창틀단면으로 사용할 수도 있다. GRP는 열전도율이 낮고 고강도의 딱딱한 재질이므로 추가의 보강이 불필요하다. GRP는 알루미늄 창호와 함께 합쳐질 수도 있다.

3.5 유리 시스템

유리 시스템은 유리와 유리면에 대한 창문홈, 그리고 그것을 프레임에 고정시키기 위한 밀봉의 조합으로 이루어진다. 그러므로 창호 제작을 계획할 때 유리 시스템에 요구되는 사항들은 프레임의 재료와 제작방식의 맥락에서 고려되어야 한다. 즉, 유리가 열에 의해 반응하는 성질과 제작과정에서 결정되는 크기, 유리의 단열, 방음, 방화 등의 특수 기능, 레이아웃 방식, 그리고 밀봉 과정 등의 제반 사항에 걸쳐 적용된다. 〉그림 51 참고

창호의 열전도계수 (W/m²K 단위로 표현되는 Uw값)와 별도로 유리를 통한 에너지 증가분도 창호의 에너지 효율 평가에 중요한 요소이다. 에너지 증가분은 태양열 취득량(g값) 혹은 에너지 전도계수로 정의될 수 있다. g값은 직접 유입되는 태양 에너지와, 장파복사와 대류에 의해 실내로 방출되는 간접 열취득을 계산

해서 얻어진다. g값은 0부터 1까지의 값 혹은 0%와 100% 사이의 값으로 유리에 매겨진다. 이 값이 비쌀수록 보다 많은 태양에너지가 실내에 유입될 수 있음을 의미한다.

유리창은 여러 다양한 범위와 특수한 속성을 갖고 생산된다.

(1) 단층 유리

플로트 유리
Float glass

유리 제조업체인 필킹턴사는 1950년대에 새로운 평활유리 제조공정을 발표했다. 용광로에서 1100℃의 온도로 녹인 액체 유리가 액화된 양철 안으로 흘러 들어온다. 양철보다 가벼운 액화유리는 액화 양철 위에 두 개의 평행한 표면을 형성하며 리본 형태로 길게 펼쳐진다. 플로트 유리는 제조 공정에 따라 최대 6~7m 정도의 길이와 1.5~19mm의 두께를 갖는다.

유리의 폭은 운송에 요구되는 최대 폭 등의 여러 요소들에 의해 결정된다. 트럭에 의해 운송이 된다면 교각 밑을 지나기 위한 최대 높이 4m에 맞게 제작되어야하며, 신호등의 높이와 차량회전반경 등이 크기를 결정하는 요인이 된다. 즉, 차량의 높이를 제외하면 유리의 폭은 약 3m를 조금 웃돈다고 볼 수 있다.

제작사별로 다르겠지만, 플로트 유리는 3.2m 폭과 최대 7m의 길이로 제작된다. 플로트 유리의 녹색 틴트는 특수 재료를 첨가시킴으로써 "화이트 유리"

\\ 중요:

플로트 유리, TSG, HSG 의 물리적 속성:

절대 하중:	2500kg/m^3
탄성 모듈:	70,000-75,000 N/mm^2
열전도 값:	
열전도율:	0.8-1.0 W/(mK)
Uw 값:	〈5.8 W/(m^2K)
변형점:	520-550 oC
음향, 시각적 특성 (3-19mm 두께의 경우)	
추정 음향 투과 손실:	22-38 dB
광량투과율(Lt):	0.72-0.88
복사투과율:	0.48-0.83

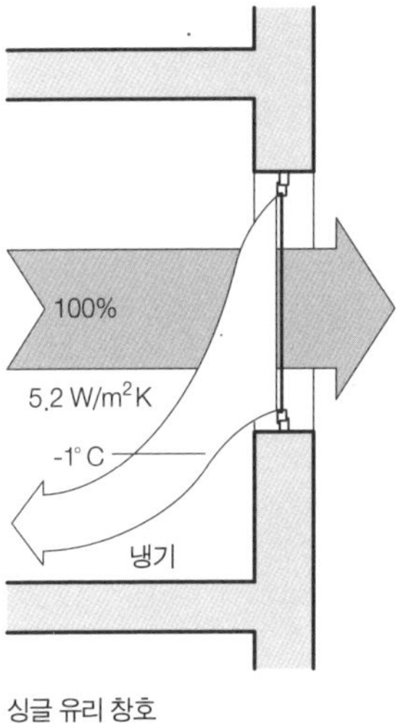

그림 51:
U 값과 찬 공기

표 2:
창호의 U_w 값 사례(2004)

	U_w 값 W/m²K
싱글 유리 창호	4.8
이중 단열 유리 창호(상세는 mm값) (4 / 12 공기 / 4)	3.0
이중 단열 유리 (4 / 12 공기 / 4)	2.7
삼중 단열 유리 (4 / 10 공기 / 4 / 10 air / 4)	2.2
삼중 단열 유리 (4 / 8 가스 / 4 / 8 가스 / 4)	1.7
금속 코팅 이중 단열 유리 (4 / 20 가스 / 4)	1.3
금속 코팅 삼중 단열 유리 (4 / 10 가스 / 4 / 10 가스 / 4)	0.9
다중 창호 / 박스 창호	2.3
특수 내열 유리	0.4
방범 유리	1.6

혹은 “엑스트라 화이트 유리”를 생산해낼 수도 있다. 연마, 에칭, 샌드블라스팅 같은 표면처리를 통해 원래 투명한 플로트 유리를 반투명하게 만든다. 플로트 유리는 크고 날카로운 파편으로 부러진다. 이것은 다른 수많은 제품의 형태로 제작될 수 있다. 〉그림 52 참고

캐스트 유리
Cast glass

캐스트 유리를 제작할 때 액화된 유리는 여러 쌍의 롤러를 지나며 매끈한 한 면 혹은 두 면의 단단한 유리 표면을 만든다. 단단해진 유리 표면의 질감은 유리를 반투명하게 하고 햇빛을 산란시킨다. 조각나는 형태는 플로트 유리의 경우와 동일하다. U 글래스 같은 특정 모양의 유리 또한 캐스팅 과정에서 정할 수 있다.

철망유리
Wired glass

제조 과정에서 유리가 아직 더울 때 교차점을 용접시킨 격자 철망(주로 스테인리스 스틸 재질)을 유리 속으로 밀어 넣는다. 이 철망 격자는 파손시 유리조각들을 제 자리에 잡아줌으로 부상을 방지한다. 철망유리는 천정에 다는 유리창에 원칙적으로 사용된다. (현지 건축 법규 참고할 것) 유리의 단면을 통해 유입되는 수분은 철망을 녹슬게 하거나 끝에 얼음이 얼게 할 수도 있다. 따라서 철망유리의 모서리는 프레임이나 밀봉재에 의해 보호되어야 한다.

(2) 열처리 유리

안전 강화유리
Tempered safety glass

유리면을 연화온도까지 높였다가 표면에 냉각공기를 불어 급속히 식히게 되면 유리에 초기응력을 심어주는 효과가 있어 추가의 압축응력이 생겨난다.

이와 같은 유리 내부조직의 변화는 굴곡강성저항과 열충격 저항성을 갖는다. 유리가 파손되더라도 날카롭지 않은 모서리를 갖는 작은 가루들로 흩어진다. 강화유리는 열처리 과정을 거친 후에는 기계적으로 가공될 수 없다.

열 강화 유리
Heat strengthened glass

열강화유리(부분강화유리)는 파손시 한 쪽 모서리에서 다른 쪽 모서리까지만 부러지는 정도의 적절한 표면장력을 갖고 있다. 열강화 유리 (HSG: Heat strengthened glass)는 안전유리가 아니다. 제작과정은 안전 강화유리(TSG)와 비슷하나 냉각공기를 훨씬 천천히 가하기 때문에 표면에 발생하는 응력이 TSG의 경우보다 낮게 적용된다. 그래서 HSG는 TSG에 비해 갑자기 부서지는 경우가 적다. HSG는 플로트 유리에 비해 현저하게 높은 굴곡 강성과 열충격 저항성을 갖는다.

(3) 복층 유리

겹유리
Laminated glass

겹유리는 최소한 두 장 이상의 유리와 그 사이에 얇은 금속판이나 수지로 된 중간 켜로 구성되어 있다. 그러나 이것은 안전 기준 어느 것에도 부합되지 않는다.

안전 겹유리: LSG
Laminated safety glass (LSG)

안전 기준에 합치되는 종류의 겹유리는 최소한 두 장의 유리로 구성되어 있다. 따라서 이것은 플로트+TSG의 LSG 혹은 더블 HSG의 LSG와 같은 형식으로 설명된다. 두 장의 유리는 합성수지 혹은 PVC 호일(폴리비닐부티랄) 박재의 중간 켜를 통해 서로 접착된다. 사용된 시트는 탄성이 있고 전단 파괴에 대한 저항이 강할 뿐 아니라, 색을 입히거나 표면 질감을 입힐 수도 있다. 시트는 두 장의 유리 사이에 끼워 넣어진 채로 열과 압력에 의해 유리에 압착된다. PVC 시트가 물에 젖으면 접착력이 없어진다. 그래서 단열 유리의 부품이 되는 유리는 창문홈에서의 환기가 가능하도록 완전히 진공 상태의 창문홈에서 제작되어야 한다. 유리의 파손시 서로 붙어 있는 유리에서 갈라진 유리 조각들이 중간 켜 안으로 들어가지 않도록 조심해야만, 파손된 상태에서도 유리면이 안전 기준에 부합될 수 있다.

\\ 중요:
안전강화유리 (TSG: Tempered Safety Glass)는 열강화처리 후에는 기계적 변형이 불가능하다. 따라서 절단이나 구멍 뚫기는 열강화처리 이전에 결정되고 실행되어야 한다.

(4) 다중 유리

단열 유리
Insulating
glass

단열 유리는 대개 테두리 접합부에 의해 서로 분리된 최소한 두 장의 유리면으로 이루어져 있다. 유리면 사이의 간격은 단열과 방음의 효과를 증진시키기 위해 건조 공기나 불활성 가스로 채워져 있다. 투과성을 약화시키기 위한 테두리 접합의 채택이 중요한데, 이것은 주로 부틸을 이용한 1차 밀봉과 다황화물을 이용한 2차 밀봉으로 고립시킨 공간으로 형성된다. 부틸 스트립의 스페이서를 깨끗한 유리면에 접착시키고 두 번째 유리를 그 위에 위치시킨 뒤 다황화물질로 밀봉시킨다.

유리 사이 간격의 측면에 위치한 스페이서에 의해 생긴 빈 공간은 녹 방지용 건조제로 채운다. 단열 유리의 기본적 구조는 다음과 같다: 실내 쪽에 6mm 플로트 유리, 12mm 간격, 외부 쪽에 6mm 플로트 유리. 〉그림 53, 표 3 참고

(5)특수 유리

단열 유리
Thermopane
glass

단열 유리의 유리면 사이 간극에 불활성 가스를 주입시키거나 두 장의 보통 유리 대신 세 장의 유리를 사용함으로써 단열 성능을 향상시킬 수 있다(0.5 W/m^2K의 Ug 값). 주입물의 종류에 따라 유리창 사이의 간극은 10에서 16cm로 증가한다.

불활성가스는 열전도율이 매우 낮으므로 유리의 간극을 채우는 용도로 사용된다. (크립톤 가스는 2x12mm에서 0.5 W/m^2K의 최대 Ug 값을 보인다) 동시에, 단열 유리면은 열전도율을 추가로 감소시키기 위해 금속성의 중성화 코팅을 한다. 코팅은 실내쪽 유리의 안쪽 면에 가해진다.

\\ 참고:
제작사의 표준 단열유리 규격
제작사에 따라 최대 규격은 420x260cm부터 720x320cm사이이며 총 무게도 3.5t 까지 달한다. 단열유리의 최대 규격은 제작 가능한 최대 면적에 근거한다. 6-10mm 두께의 TSG로는 10.9㎡ 의 면적을 얻을 수 있다. 단열유리 유닛의 최소규격은 플로트 유리의 조합일 경우 24x24cm 이고, TSG의 조합일 경우는 20x30cm 이다. 단열처리, 열흡수, 및 방음처리 등의 특성을 얻기 위해서는 코팅처리가 필요하고 그것에 따라 규격 변화가 일어날 수 있다.

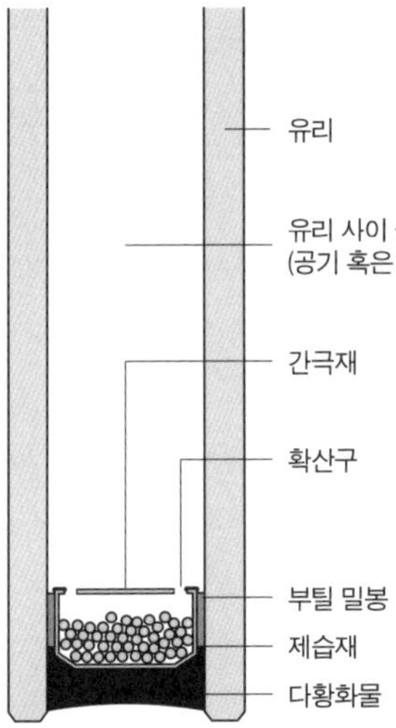

그림 53:
단열 유리의 모서리 접합부

표 3:
유리 유형별 건축재료 특성 (2006년 3월 기준)

	U_g 값 W/m²K	g 값 %	Lt 값 %
단층 유리 (필킹턴 투명 Optifloat)	5.8	85	90
공기 주입 이중 단열 유리 10 - 16 mm	3.0	77	80
아르곤 주입 이중 단열 유리4/16/4 (Pilkington Optitherm S3)	1.1	60	80
제습 코팅 태양열 유리 6/16/6 (적외선 Brilliant flat glass)	1.1	33	49
크립톤 주입 삼중 단열 코팅 유리 4/12/4/12/4 (Pilkington Optitherm S3)	0.7	50	72
유리 블럭	3. 2	60	75
단층 프로필 시공 60 mm (Pilkington Profilit)	5.7	79	86

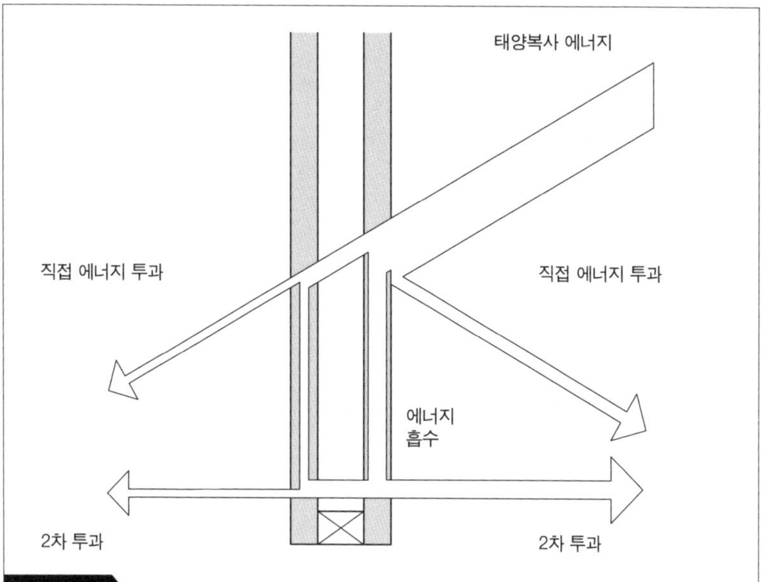

그림 54:
흡수 유리의 원리

열흡수 유리
Heat-absorbing glass

열흡수 유리는 창문 뒤에 있는 실내 공간이 과열되는 것을 방지함으로써, 추가로 차양 장치를 설치할 필요를 피하기 위해 고안되었다. 이 유리는 가시선 영역의 빛을 높은 비율로 유입시키면서 열을 유발시키는 태양복사에너지를 적게 투과시킨다.

여기서 열흡수 유리의 두 가지 기능을 분리해 볼 수 있는데, 이것은 또한 상호 보완적으로 사용되기도 한다.

- 열흡수 유리는 금속 산화물을 더해서 색을 입힐 수 있고, 부수적인 태양 복사에너지 일부를 흡수해서 열에너지로 전환시킬 수 있다. 에너지는 대부분 외부로 분산되고 극소량만이 어느 정도의 시간차를 갖고 실내에 유입된다. 〉 그림 54 참고
- 반사 유리는 자외선과 적외선 등 부수적인 태양 복사에너지를 다량 반사시키는 금속 산화 코팅을 통해 작용하면서 가시영역의 빛을 대부분 받아들인다. 코팅 면은 주로 바깥 쪽 유리의 내부에 적용된다. 〉 그림 55 참고

스위치 가변 유리
Switched and variable glazing

최근에 와서는 스위치에 의해 가변하는 유리가 개발되었다. 이러한 종류의 유리는 그 구조와 스위치 가능한 레이어의 종류, 그리고 그 레이어의 작동방식(전

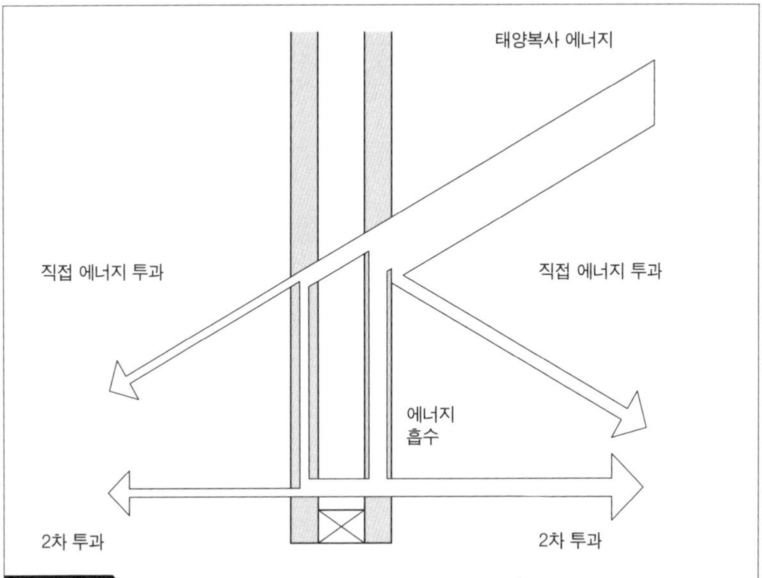

그림 55:
반사 유리의 원리

기착색, 가스착색, 광색식, 굴열식 시스템)에 따라 정해진다. 투과되는 정도는 전기, 가스, 열, 혹은 복사량을 조절함으로써 변화될 수 있다. 이런 식으로 부수적인 태양에너지와 빛의 투과량이 날씨에 따라 혹은 계절에 따라 조절될 수 있다.

방음 유리
Soundproofing glass

음향투과 손실 (Rw: sound reduction index)은 유리의 방음 속성에 대한 정보를 제공한다. 방음유리의 방음 효과는 다음의 요소들로 향상될 수 있다:

- 유리의 무게를 증가시킨다
- 다른 두께의 유리로 비대칭적 구조 형성
- 혼성의 복합 유리 사용
- 유리 사이 간격을 넓히고 불활성 가스로 채움

방화 유리
Fire resistant glass

방화 기능의 유리는 항상 그 프레임과 부착방식의 맥락에서 다루어진다. 방화유리는 G와 F의 등급으로 구분된다.

G 등급 방화유리는 일정 시간 동안 불길과 연소 가스가 침투되는 것을 막지만, 화재에 따르는 열을 수용하지는 못한다. G등급 유리는 특수 TSG 혹은 소다석회유리 같은 겹유리의 형식으로 제공된다.

F 등급 방화유리는 불길과 연소 가스는 물론 복사열의 확산마저도 잡아준다. 이 유리는 방화구역 뒤의 탈출경로에 반드시 사용되어야 한다. F 등급 유리는

\\ 사례:
추정 음향투과손실은 구조체나 방 사이의 방음효과를 규정하는 단일 수치로 나타내어진다. 구조적 요소의 해당 값은 주파수에 따라 달라진다. 공기 중 음향투과손실 값은 다음 두 가지로 구분된다:

R'w : 측면 구조체를 통과한 음향의 추정음향투과손실 dB값
Rw : 측면 구조체를 통하지 않은 음향의 추정음향투과손실 dB값
공기중 음향 손실의 특징
- 벽체, 천정 R'w
- 문, 창문 Rw

\\ 중요:
창호의 차음도
독일에서는 창호의 차음도를 차음 급수로 분류한다.

차음 급수	창호	추정음향투과손실
1등급/2등급	방음유리(4/ 12공기/ 4) 단층창호	25-34 dB
3등급	방음유리(8/ 12공기/ 4) 단층창호	35-39 dB
4등급	합성수지 채움 방음유리(9/ 16수지/ 6) 단층창호	40-44 dB
5등급	합성수지 채움 방음유리(13/ 16수지/ 6) 단층창호	45-49 dB
	방음유리(9/ 16공기/ 4)+단층유리(6mm) 이중창호	45-49 dB
6등급	박스창호: 방음유리(6/ 16공기/ 4)+ 단층유리(6mm)	〉50dB

\\ 사례:

DIN 4102 건축 재료와 건물구성요소의 내화 속성 - 발화지연 유리

구조적 요소	내화 시간 (분)
벽체, 천정, 보, 기둥	F30 - F180
계단, 창호/유리창 시스템	F30, F60, F90, F120, G30, G60, G90, G120
방화 칸막이 (문, 게이트, 덮개)	T30 - T180

유리면 사이의 간극에 젤이 들어 있다. 화재가 발생하면 젤은 거품을 내며 확장하여 단단한 고체 덩어리를 형성한다.

고정 유리창은 최고 F90의 방화 등급까지 획득할 수 있다. 원칙적으로 F등급 유리는 건축법규와 관련된 사용승인을 필요로 하는데 이것에 의해 그 사용되는 수량, 유형, 및 창틀과의 접합 위치 등이 결정된다.

방범 유리
Burglar protection glass

방범유리는 (0-6)사이의 저항 급수로 등급이 나뉘고 은행이나 우체국 창구에는 특수 등급이 적용된다. 방범유리는 경보 장치와 연동될 수도 있다. 안전유리에는 방범은 물론 방탄의 기능도 있다. 방범 유리는 기계적으로 작동하는 도끼로 성능 테스트를 한다. 저항도는 400mm 의 모서리를 갖는 정사각형 모양의 구멍을 내는데 필요한 타격수에 의해 규정된다.

3.6 잠금장치

유리 마운트
Glass mounting

창틀에 유리판을 부착시키기 위해서는 유리 고정 테두리(glazing beads)를 필요로 한다. 외부로부터의 침입을 방지하기 위해 고정 테두리는 창호의 안쪽에 설치되어야 하며, 유리 파손시 교체가 가능하도록 탈착이 가능해야 한다. 고정 테두리는 유리판과 밀봉의 완전성을 보장하고, 풍하중 같은 수평하중을 흡수해주며 창틀단면으로 그 힘을 전달해준다.

유리 고정 테두리는 파괴를 방지하기 위하여 유리면에 압력을 일정하게 발생시켜야 한다. 사용되는 시스템에 따라 유리 고정 테두리는 프레임에 스크류 혹은 클립으로 부착된다.

창살
Bars

고정창이나 개폐창은 창살에 의해 나뉠 수 있다. 창살의 출현은 유리 발달과정의 역사와 맥락을 같이한다. 한 때는 작은 창살만이 생산 가능했었고, 이들은 구조체로 엮어져서 보다 큰 유리면을 만드는 데 사용됐다. 이제 유리가 플로트 유

리 방식으로 생산되기 때문에 창살은 굳이 필요 없지만, 역사적 문화유산의 보존, 건축법규 준수, 해당 지역의 특수 속성 등에 의해 창살 달린 유리의 사용이 핵심적 사항으로 다가올 수 있다.

유리 블로킹
Placing glass - blocking

유리판은 그 무게를 프레임으로 분산시키기 위해 블로킹을 이용해서 고정되어야 한다. 블로킹에는 유리판을 프레임에 끼우는 내력 블로킹과, 유리 모서리와 프레임 사이의 간격을 유지시키기 위해 끼우는 간격 블로킹으로 구분할 수 있다. 고정 블로킹에서 유리의 하중은 고정창의 프레임과 그 고정점으로 분산된다. 개폐 가능한 창호에서는 창틀과 그것이 걸려있는 지지점 (경첩, 롤러 등)으로 하중이 분산된다. 창호가 제대로 기능하기 위해선 여닫이창과 프레임이 서로 끼거나, 뒤틀리거나, 왜곡되지 않도록 하는 것이 중요하다. 창문짝은 프레임과 어느 지점에서도 닿아서는 안 되고, 창문홈과 베이스와의 공간과, 두 유리면 사이의 간격은 일관되게 나뉘어져야 한다.

창문홈 공간과 외기 사이의 기압을 평형한 상태로 만들어 습기가 침투하는 것을 막고 결로로 생긴 물기를 제거할 수 있어야 한다. 공기의 압력을 중화시키기 위한 구멍은 바람에 직접 면하면 안 되므로 구멍을 막아주는 덮개가 필요하다. 기압을 실내와 평형화시키면 창문홈 공간에 결로가 발생할 수 있으므로 피하도록 한다.

3.7 창호 철물

창호 철물은 창문에 부착된 모든 기계적 부품을 지칭하는데, 창문의 개폐 동작을 조절하고 장착과 사용에 도움을 준다. › 그림 56 참고 일반 창문과 프렌치 윈도우의 철물은 개폐창과 프레임을 결속시킨다. 개폐장치는 도난방지와 어린이 보호의 기능이 부과되어 있어야 하며, 비와 바람이 새어 들어오지 못하도록 고안되어야 한다.

창호 철물은 조합된 세트의 시스템으로 제공된다. 철물은 창문 안쪽에 안보이게 매립되는 매립형, 반매립형, 개방형, 혹은 장식형으로 부착될 수 있다. 한 예로, 창문의 움직이는 부분과 프레임 사이의 결합은 주로 드릴로 부착된 경첩에 의해서 이루어지고, 그 밖에 다음의 철물의 사용도 가능하다:

- 버팀쇠: 창문을 여닫을 때마다 따라서 움직이다가 고정되는 창호철물. 잠금 위치를 조정하면 창문이 열리거나 닫힌다.
- 코너 회전축 받침: 창문의 회전축. 창문의 무게를 지지한다.
- 가위 형태 철물: 고정 프레임의 상부와 창문짝 사이에 장착된다. 회전축

그림 56:
창호 철물

받침과 결합되어 창문의 회전축을 형성하고, 조절장치를 여닫이에서 틸트 방식으로 전환시킨다.

- 잠금장치판: 고정 프레임의 잠금시스템에 부착된 철물. 창호는 잠금판들을 모두 동원해서 잠겨지는데, 이것은 동시에 악천후로부터 접합부를 밀봉하는 역할을 하기도 한다.

개구부 유형에 따라 각각 그것에 맞는 창호철물이 필요하다.

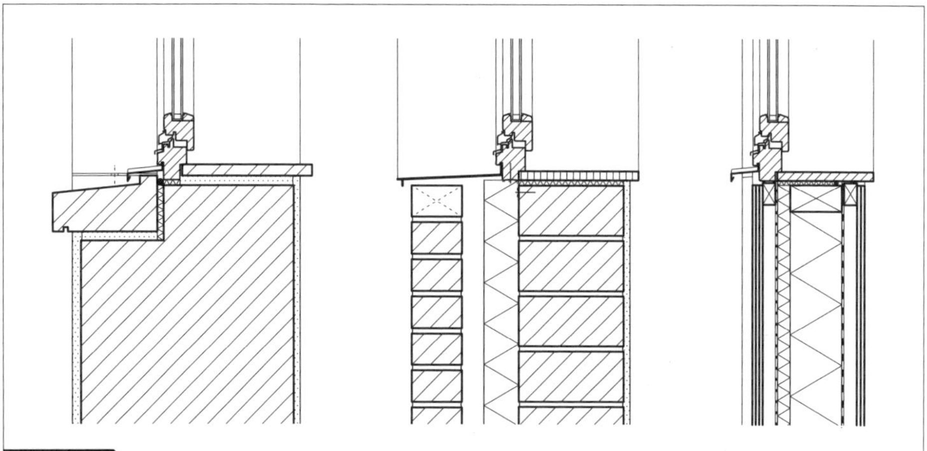

그림 57:
세 종류의 외벽 위에 다양한 접합 구성

4. 구조와의 결합

4.1 창호의 밑부분

난간부의 바깥쪽 수평 마무리는 주로 창턱으로 마감된다. 이 부분을 견고하게 하고 파손을 방지하려면 다음을 염두에 두어야 한다:

- 창호 프레임은 창턱보다 앞으로 튀어나오며 그 위에 겹쳐져서 강한 비바람에도 방수가 잘 되도록 한다.
- 창턱은 외벽 모서리 면보다 최소한 20mm 튀어나와 있고 빗물받이가 설치되어서 아래의 건물표면에 때가 타지 않도록 해야 한다.
- 창턱은 최소한 5%에서 8%정도의 기울기로 바깥쪽으로 기울여져서 빗물이 흘러내릴 수 있도록 해야 한다.
- 구조체가 젖는 것을 방지하기 위해서 창턱의 끝은 금속판이나 부착에 의해 살짝 위로 올려져 있어야 한다. 창턱과 창문설주 사이의 접합부를 보호하기 위해서는 벽면 장식재가 수평으로 겹쳐지는 것이 유리하다.
- 온도차에 따른 창턱의 길이방향 확장에 대한 고려가 되어야한다.

외부 창턱
External windowsills

외부 창턱의 재료로는 아연판이나 구리판, 유리 혹은 자연석과 인조석, 성에방지 인조석 혹은 자연석, 타일 혹은 프리패브리케이트 알루미늄 등으로 만들어질 수 있다.

그림 58:
하단부가 바닥과 같은 면으로 마감된 프렌치 윈도우

내부 창턱
Internal windowsills

실내에서 창문 난간부나 라디에타 포켓의 내장재로는 주로 모르타르 층에 붙여진 자연석이나 인조석, 혹은 원목 등의 목재가 쓰인다. (필요시 브래킷으로 장착) 〉 그림 57 참고

프렌치 윈도우
French window

프렌치 윈도우는 난간부가 딸린 창문과는 상이한 구조의 하부 프레임을 갖는다. 이 구조는 아스팔트 방수층, 테라스 발코니 바닥재 및 실내 바닥재가 적절한 부위에 부착되어 있어야 한다. 프렌치 윈도우의 개폐창의 하부 수평 프레임은 빗물이 유리에 튀기는 것을 방지하기 위해 일반 창호보다 두껍게 되어있다. 문 앞에 배수용 거터를 설치하면 일반 출입문에서와 같이 프렌치윈도우의 밑면이 바닥과 같은 면이 되도록 할 수 있다. 〉 그림 58 참고

4.2 밀봉

밀봉은 물기가 창호의 틈을 타고 건물 안으로 침투하는 것을 막아주고, 기대하지 않은 환기 효과로부터 오는 열손실을 막아준다. 접합부위에 따라 밀봉의 종류를 구분할 수 있는데, 창호 프레임과 건물외벽 사이의 밀봉(압축 밀봉), 창호 프레임과 개폐창 사이의 밀봉 (창문홈 밀봉), 그리고 프레임과 유리판 사이의 밀봉(조인트 밀봉) 등이 있다.

압축 밀봉
Compression seals

건물의 외벽과 고정 프레임 사이의 밀봉은 시공오차를 메워주면서 외부로부터의 바람, 폭우, 및 소음의 침투를 조절해줄 뿐 아니라, 실내로부터 발생하는

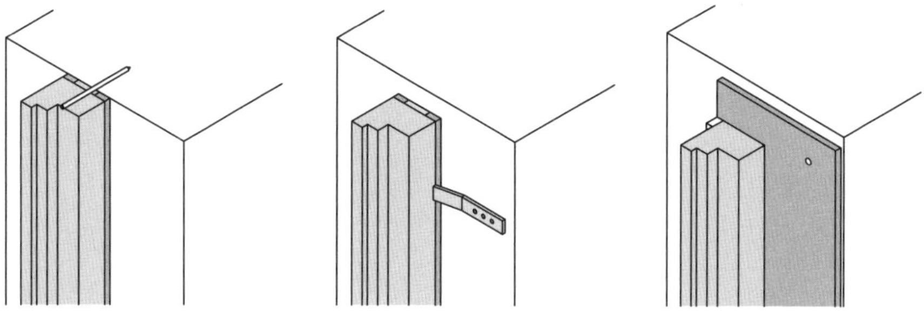

그림 59:
접합부: 창호와 건물 사이

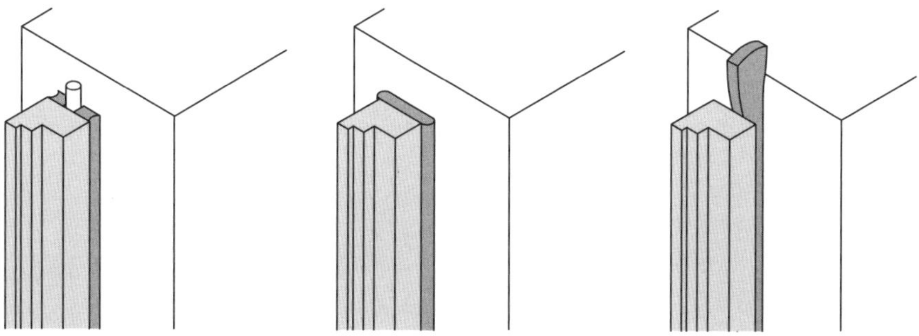

그림 60:
창문홈 접합부의 내·외부 밀봉

습기에도 대처하게 해준다. 압축 밀봉된 부분에서 창호는 건물에 물리적으로 부착되어 있다. 부착 과정에서 발생하는 수평 및 수직 하중은 밀봉 부재를 통해 구조체로 전달된다. 밀봉 부재는 외벽과 창호 프레임이 파괴되지 않는 범위에서의 변형을 가능하게 해준다. 〉그림 59, 60 참고

창문홈 밀봉
Rebate seals

고정 프레임과 개폐창 사이의 창문홈밀봉은 끊김 없이 연속적이며, 적절한 방음과 단열의 기능이 있으며 물기와 바람으로부터의 보호 기능이 있다. 합성고무나 네오프렌으로 만들어진 창문홈 밀봉은 창호 창문홈과 창호 프레임에 접착되

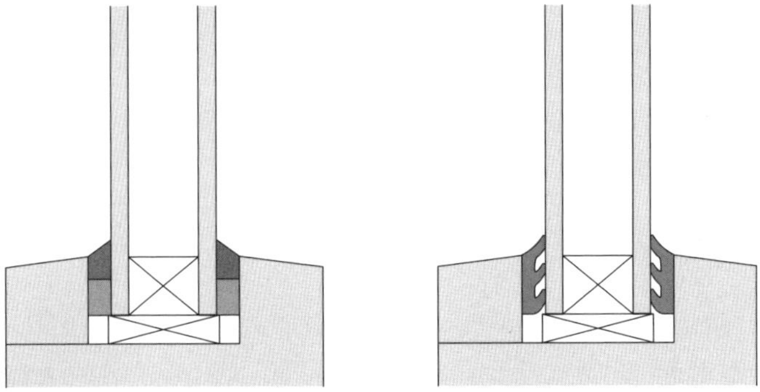

그림 61:
습식 및 건식 유리 밀봉

거나, 별도로 만들어진 홈에 끼워진다. 창문홈 밀봉은 단선, 복선, 혹은 때로는 삼중선으로 사용되기도 하고, 교체가 가능한 것을 사용하는 것이 이상적이다.

조인트 밀봉
Joint seals

창호 프레임과 유리면 사이의 조인트 밀봉은 양쪽에 적용되며, 연속적인 선형의 형태로 되어있다. 이것은 유리테이프 형태의 액체로 되어있거나(실리콘, 아크릴, 과황화물, 폴리우레탄 재질) 프리패브리케이트된 형태를 갖는다. (합성고무) 〉 그림 61 참고

프리패브리케이트 밀봉은 압출 성형의 방식으로 만들어지므로 복잡한 단면의 성형이 가능하다. 액상 밀봉과 달리 건식 밀봉은 유리 유닛의 제작과 동시에 단일 과정으로 제작될 수 있다.

\\ 참고:

창호프레임을 외벽에 결합시키기:

창문설주와 창호프레임 사이의 허용오차는 철제 스트립 같은 탄성재료, 목재봉 같은 밀어넣기식 재료, 혹은 U자 형태의 프레임 커넥터 같은 가변재 등에 의해 흡수된다. 대개 파사드 혹은 창호 제작사는 창호가 만들어질 때 적절한 허용오차를 확보하기 위해, 외벽 개구부와 관련된 정확한 시방서를 제공하고 있다.

\\ 사례:

사전 압축된 조인트 스트립(압축 스트립):

폴리우레탄 주입을 통해 사전에 압축 처리된 폼 접합 스트립은 그 단면을 약 15% 정도로 압축한 상태로 제공되어 접합부에 끼워진 후 천천히 확장된다. 압축스트립은 온도차로 인해 재료들 간에 발생하는 정상적인 움직임을 충분히 수용할 수 있도록 접합부의 모서리에 꼭 끼어 맞추어진다.

4.3 접합부

유리창에서 발생하는 수직하중은 그것을 받치는 블록 혹은 쐐기에 의해 분산되는데 그것은 수평적으로 분산되기도 한다. 창문설주에서 발생하는 수평 횡력은 프레임 플러그, 간극 스크류, 혹은 클램프 아이언이라고 불리는 납작한 금속 앵커를 통해 분산된다. 접합부재는 압축 밀봉을 통해 끊기지 않고 연속적인 밀봉이 가능하도록 구성되어야한다.

고정프레임 사이의 접합부, 조적조 창문홈과 창턱 사이, 그리고 창턱과 난간부 사이의 접합부는 단열을 위해 유리솜이나 PU 폼으로 채워져 있으나, 이것은 또한 내외부에 방수층이 별도로 입혀져야 한다. 표준 PU폼만으로는 바람과 습기로부터의 강한 보호막을 형성할 수 없다. 파사드 외장의 측면에서 보면 가장 뛰어난 밀봉 효과는 창호프레임을 부틸 스트립으로 연속되게 밀봉했을 때 얻을 수 있다.

거칠고 투과성이 높은 조적면은 밀봉면과 접착이 잘되도록 다듬는 준비 작업을 필요로 한다.

\\ 중요:

창호의 해법:

창문막이 홈

비바람과 습기가 침투하는 것을 방지한다. 개폐창과 프레임 사이에 단일 혹은 이중의 창문홈 형태로 끼워진다. 개구부 안에 끼워지면 몇 개의 구조체가 겹쳐지는 것을 원리로 하는 내부와 외부의 창문홈을 통해 빗물을 밖으로 빼낸다. 창문 측면과 창문홈이 프레임과 겹쳐지고, 프레임은 개폐창 위에 겹쳐지고, 방수스트립은 창턱 위에, 그리고 창턱은 외벽의 단면 위에 겹쳐진다.

허용오차, 건물의 움직임

프레임과 외벽 사이에: 조절 가능한 탄성이며 아스팔트 재질의 접합부를 갖는 연속적인 조인트. 프레임과 고정프레임 사이에 창문홈을 이용한 조인트

단열

외벽의 단열면 위에 위치시키기, 단열 유리의 사용, 압축조인트를 유리솜이나 PU 폼으로 채우기

열전도 차단

창문의 테두리와 유리면에 발생. 목재는 전체 단면에 적용, 금속재는 삼중창의 제작, 혹은 플라스틱 스트립을 통한 연결. 플라스틱은 금속 구획을 통해, 단열유리 유닛은 간격재의 사용과 간극 사이에 공기 혹은 가스 주입을 통해 발생

밀봉, 접합

프레임과 유리 사이: 접합부 테이프 혹은 접합용 테두리 사용. 프레임과 외벽 사이: 창문홈, 금속 박재로 된 연속체, 혹은 조인트 접합 스트립 (그림 62, 63)

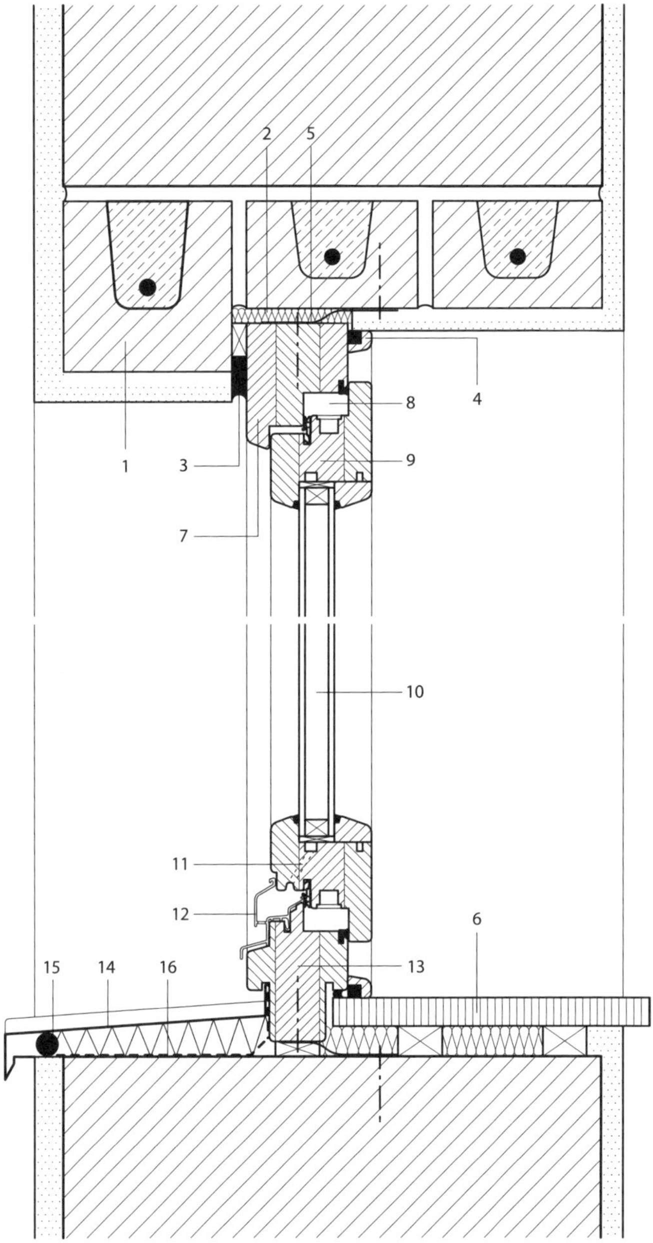

그림 62:
창호 수직 단면 (축척 1:20)

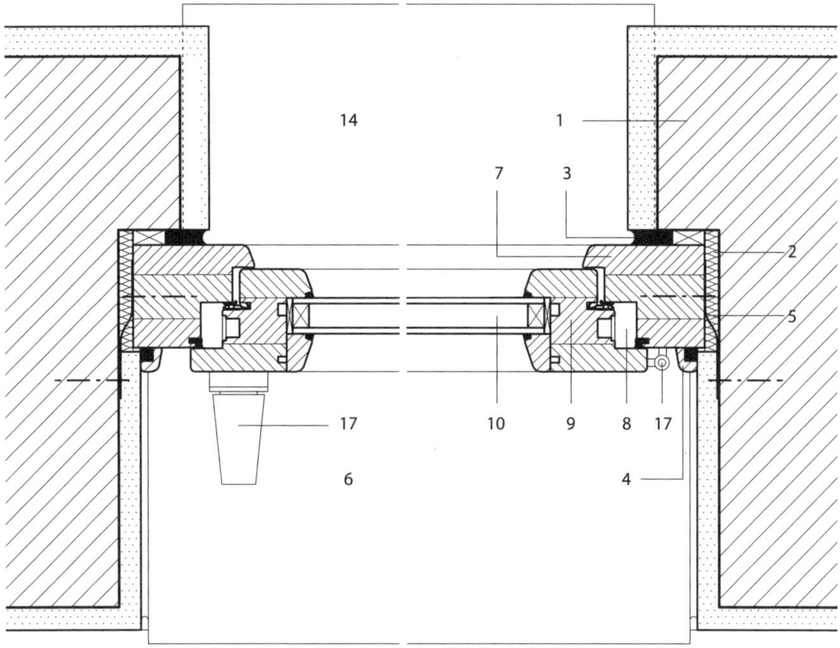

그림 63:
창호 수평 단면 (축척 1:20)

1 외벽 연결 - 내부 창문홈
개구부 상인방: 여기서는 L-인방
개구부 측면: 조적조 외벽이 두 개의 측면과 상부 3면에 리베이트 형성

2 창문홈 단열
유리솜 혹은 플라스틱 폼 (PU 폼)

3 창문홈 밀봉
습기 방지 밀봉(내부): 토로이드(PU 폼)위 실리콘 실; 외부: 방풍 테이프 밀봉(압축 테이프)

4 커버 스트립
압축 조인트 보호 및 마감

5 커버 스트립
압축 조인트 보호 및 마감

6 창호 라이닝/ 슬라이드 스크류식 창턱

7 고정 프레임. Ⅳ 78/78 프로필

8 창문홈 공간
창호 철물과 개폐 장치 수용을 위한 공간

9 개폐창
내부 창문홈과 프레임 실 포함된 Ⅳ 78/78 프로필. 개폐창은 유리면 모두를 감싼다

10 단열 유리 유닛
8/16mm, 유리면 사이의 간격 4mm

11 습기 유출 경로
드릴된 구멍을 통한 환기 및 습기 배출

12 빗물 유입 방지 철물
습기와 결로에 의한 습기는 철물 하단의 구멍을 통해 방출됨

13 고정 하인방 프레임
주로 빗물받이가 설치됨. 외부 창턱 접합부에 겹쳐져서 접합부를 빗물로부터 보호

14 외부 창턱
최소 5도의 기울기 필요: 알루미늄, 모서리는 각처리

15 하부 창문홈 실
유리 테이프 위 실리콘 실란트. 석재 외벽과 창호 사이의 방풍처리된 접합부 보호

16 방풍 테이프를 사용한 방풍 접합부. 창문홈 없는 창호에는 주변부 전부에 테이프 적용

17 창호 철물

5. 결론

개구부는 건축적으로 특별히 관심을 끄는 주제이다. 창문의 디자인은 에너지 절약계획과 부수적 태양열의 이용, 및 자연채광과 자연환기의 열쇠를 쥐고 있다.

오래된 건물을 재생하는 것은 건축가의 중요한 업무 범위이다. 여기서 개구부의 디자인은 특히 에너지의 차원에서 중요한 역할을 한다. 전후 시대의 거대 건물들은 제2의 삶이 주어지기를 기대하고 있지만, 대부분 그 창문이 어떻게 다루어지는가에 따라 실패로 끝나는 예가 많다. 문화유산으로 등재된 건물에서의 개구부는 양적으로는 분명 적지만, 개선에 필요한 질적인 요구 사항은 매우 크다.

그러나 창문 디자인은 단지 성공적인 치수와 적절한 비례를 완성하는 것에 국한되어 있지 않다. 창문은 우리에게 익숙한 디자인 소재를 기능적으로 새롭게 재해석할 수 있는 복합기능의 구조적 요소로 이해될 수 있다. 예를 들자면, 브루노 타우트는 지역적인 건축의 여러 모델로부터 추출한 특성을 배경으로 설계한, 베를린의 “엉클톰의 오두막” 프로젝트 (1926-31) 에서 부엌창문을 통해 다양함이 빛나는 개념을 보여줄 수 있었다. 한 프레임에 장착된 두 개의 개폐창 중 하나는 세로로 긴 직사각형으로, 다른 하나는 불규칙적인 형태로 서로 위아래로 올라타는 형식으로 구성되어, 좌우 대칭의 이미지로 볼 때 비로소 온전한 창문을 이루는 형태이다. 이것은 단지 디자인 측면에서 멋진 해석일 뿐 아니라 서로 어긋난 작은 창들 사이로 계속적인 환기를 가능하게 한다.

창문의 작동, 마감과 형식은 항상 디자인의 변화와 연계되어 개발되어왔다. 이것은 각 창문에 특유의 성격을 부여하는 현대적인 요소들을 더한 것이다. 개구부의 디자인과 시공이라는 측면의 건축 분야는 항상 이와 같이 구조적, 디자인적 맥락에 대한 관심을 요구하고 있고, 이것은 신축 혹은 개축의 어느 조건 속에서도 여전히 큰 중요성을 갖는다.

참고문헌

Francis D.K. Ching: *Building Construction illustrated*, 3rd edition, John Wiley & Sons, 2004

Andrea Deplazes: *Constructing Architecture*, Birkhäuser Publishers, Basel 2005

Martin Evans: *Housing, climate and comfort*, Architectural Press, London 1980

Gerhard Hausladen, Petra Liedl, Michael de Saldanha, Christina Sager: *Climate Design*, Birkhäuser Publishers, Basel 2005

Thomas Herzog, Roland Krippner, Werner Lang: *Facade Construction Manual*, Birkhäuser Publishers, Basel 2004

Ernst Neufert, Peter Neufert: *Architects' Data*, 3rd edition, Blackwell Science, UK USA Australia 2004

Christian Schittich, Gerald Staib, Dieter Balkow, Matthias Schuler, Werner Sobek: *Glass Construction Manual*, Birkhäuser Publishers, Basel 2007

Andrew Watts: Modern Constuction: *Facades*, Springer, Vienna, New York 2004

그림출처

그림 page 8 (Th. Herzog)	Peter Bonfig
그림 1, 2, 3, 4 (Ingenhoven Overdiek), 5 (F. O. Gehry), 6 (K. Melnikov), 7, 8, 13, 14, 18 (Ch. Mäckler), 20, 22, 23 (A. Reichel), 25 (P. C. von Seidlein), 30 (Kada Wittfeld), 41 (Kollhoff Timmermann), 42, 43, 45 (W. Gropius), 56 (Brinkman & van der Vlugt), page 78 (Wandel, Hoefer Lorch + Hirsch)	Roland Krippner
그림 page 12 (Lorenz & Musso), 24 (Lorenz & Musso), 33 (Lorenz & Musso), 52 (Lorenz & Musso)	Lorenz & Musso Architekten
그림 page 36 (Herzog & de Meuron), 그림 9, 10, 12, 31, 32, 33, 34, 35, 36, 37, 38, 39, 40, 44, 47, 48, 51, 53, 54, 55, 57, 61, 62, 63, Tables 1, 2, 3	Department of Building and Building Material Studies, TU Munich
그림 11, 16, 17, 21, 26, 27, 28, 29	Herzog et al., Facade Construction TU Munich Manual, 2004
그림 15 (Sieveke+Weber), 19 (Sieveke+Weber)	Sieveke+Weber Architekten
그림 46	Sonja Weber
그림 49	left Meister Fenster IV 72/75, Unilux AG, D-54528 Salmtal
그림 49 오른쪽	Aluvogt, Bug-Alutechnik GmbH, D-88267 Vogt
그림 49 가운데	Hueck/Hartmann Aluminium Fensterserie Lamda 77XL, Eduard Hueck GmbH & Co. KG, D-58511 Lüdenscheid

그림 50 왼쪽	Janisol primo, Jansen AG, CH-9463 Oberriet
그림 50 오른쪽	System Quadro, Rekord § Fenster + Türen, D-25578 Dägeling
그림 58	Fa. R&G Metallbau AG, CH-8548 Ellikon a. d. Thur
그림 59, 60	Krüger, Konstruktiver Wärmeschutz, 2000
Work on drawings	Peter Sommersgutter

역자 소개

최상기_연세대 · 하버드대(미)
서울시립대학교 건축학부 교수.

Basics
FACADE APERTURES
파사드 개구부의 기초

Roland Krippner · Florian Musso 저
최상기 옮김

1판 발행 2012년 1월 31일 발행

발행인 겸 편집장 김기현
발행처 시공문화사 *Spacetime*
등 록 1993년 3월 12일
주 소 서울시 서대문구 현저동 200 극동빌딩 5층
전 화 02) 3147-1212, 2323
전 송 02) 3147-2626
ISBN 978-89-5592-209-7
http://www.spacetime.co.kr
spacetime@korea.com

정가 9,500원

최근의 건축 법규들과 기준들, 그리고 재료와 기술에 있어서의 발전들을 그 기초로 활용함으로써, 이 책은 터파기와 기초공사부터 내 · 외장 마감공사까지 전 범위의 시공 활동들을 다루며 경량 목조 프레임, 조적조 내력벽, 철골, 그리고 철근콘크리트 구조와 같은 일반적인 시공 체계들을 살펴본다.

FIFTH EDITION

건 축 설 계 자 를 위 한

건축시공 및 재료학

Fundamentals of Building Construction

Edward Allen and Joseph Iano 지음 이한승 대표역자

WILEY Spacetime